競合談判

U0030881

CO-OPETITIVE NEGOTIATION

從華航罷工到夏普併購，
透析談判中必備的系統思考與動態決策

目錄 CONTENTS

第六章 談判的策略

前言

給你一枝談判的釣竿

成吉思汗有兩種靈旗——蘇勒德（Sulde），一種的馬鬃取自白馬，用於和平時期；另一種的馬鬃取自黑馬，用於戰爭時期的導引。這顯示了什麼談判的價值、策略和意義？

談判，對你而言是困難或者容易？你會將它視為一趟愉快放鬆的旅程，還是一條崎嶇難行的險路？

談判，無論你喜歡與否，它總是與我們如影相隨！

想想這些經常發生的情境：跟難纏的老闆談加薪、老主顧要求與你終止合約，你該怎麼辦？猶豫不決的顧客好不容易買下商品，但用了三天又反悔了，想要求退貨或殺價，你又該怎麼辦呢？

除卻這些日常事務，在國際上，需要談判的情境更是讓人眼花撩亂，諸如：英國脫歐要和歐盟談判、希臘國債危機要跟債主國談判、聯合航空超賣機位需要和乘客談判，美國總統川普更要和許多國家領袖談判。

談判與我們的一生密不可分，無論生活或工作都充滿著各種談判的細節。根據LinkedIn二〇一二年對全世界兩千名專業人士進行的調查，全球約有三五%的員工對職場談判感到擔憂和焦慮，其中女性數量少於男性。

不只學會談判，還能從談判中滿載而歸

有鑑於此，讓我們先說明出版這本書的目的：

藉由豐富的案例，探討當今談判的實用智慧，並透過書本的形式，打開與讀者交流對話的天地，讓讀者學習如何準備談判？如何進行談判？如何結束談判？最重要的當然

是——學會如何從一場談判當中滿載而歸。

本書的四位作者：林亨能、高孔廉、萬英豪、黃丙喜，分屬於產官學界的不同世代、不同領域，卻都有一個共同的履歷——談判。我們四位經常聚在一起，交換經驗，在大大小小的談判上相互協助，一晃竟然已十幾年。

二〇一六年九月，大家突然靈光一閃——為什麼不把這麼多年在談判桌上征戰對弈的經驗，經由「案例研討」和「參與對話」的方式，和讀者分享其間的成敗和苦樂？多年來的教授生涯和實務經驗，讓我們心領神會談判的重要；然而，從許多的閱讀、對話和實務操作中，又讓我們發現，坊間對於談判依舊充斥著一些沒有與時俱進、因地制宜，甚至無法運作的談判謬誤。

於是，我們開始整理檔案、消化資料、相互比對、研討修正，「故事」是我們想到的第一個重點，因為多年的教學和演講的經驗，讓我們深知故事對於讀者的魅力所在。所以，成吉思汗的愛情故事、馬戛爾尼給乾隆皇帝的書信、甘迺迪總統的古巴導彈危機、蘋果創辦人賈伯斯的董事爭議、郭台銘購併夏普等等故事，便成為本書中穿插在各節的「他山之石」。我們還增加了「動腦時間」，希望讀者在閱讀之餘多多思考，甚至和同事、友人相互激盪，發揮談判的創意，為冰冷的博弈增加感性的溫度。

二〇一七年，美國總統川普和習近平的高峰會談，意外掀起了全球各國對東西方談判思維的再次好奇。本書亦引用了孫子兵法、三國演義、鬼谷子等國學名家在談判中的看法，希望融合東方和西方的觀點，激盪出全新的談判思維！

談判的動態結構：從情境、心理、計畫、策略到應用

談判是價值理念的創造，而非論斤論兩的買賣；談判一定要掌握「造餅」的精髓，不能陷入「分餅」的迷霧中。

這段話出自作者之一林享能之口，他擔任駐外大使十六年、農委會主委十年，正值國家風雨飄搖的年代，主持對外數十件重大的農漁和經貿談判，總是能憑著學貫東西的知識、膽識過人的智慧，輕騎過關。

然而，即使在這十餘年間，每一場他所經歷的重大談判，都是以截然不同的競合關係與協商情勢出現。動態複雜已是今日世界的常態，面對不同於以往的談判情境，必須要有不一樣的思維和策略。「動態結構」和「系統平衡」，正是我們累積各家學說和數十年實務經驗後提出的見解。

本書以案例研討和實務應用為導向，全書內容共分五大部分，共十二章：

- **第一部分為談判的動態實況**：談判的情境、棋局和系統，從動態結構和系統思維的雙向視角，集中探討競合策略在談判中的策略與戰術應用。
- **第二部分為談判的核心過程**：包括心理上的感知、偏誤和情緒對談判的影響，以及談判中的標準作業程序（SOP）、談判中的策略算計與決策模型。
- **第三部分為談判的文化層面**：強調談判雙方彼此的差異應該如何克服，包括國際和跨文化的談判；以及談判利益遇上倫理問題時如何權衡。
- **第四部分為談判的危機處理**：著重於解決高難度的對峙衝突，包括：應對談判中的僵局、失誤和困境。

- 第五部分為談判的整體計畫與實務應用：包括了談判中的最佳準備、檢核、修正和行動。

談判的文場和武場，一場要用心且貼心的棋局

要在談判中預測其它對手如何回應你的動作，你必須將自己置身在他們的立場，然後想像他們會如何下這個棋局。

每個談判者看棋局的觀點、思維和立場都不一樣，而感受、認知和情感都會影響人們採取行動的方式。試著了解其它人的談判動機與背後的驅動因素，將有助你預測未來協商的走向，或別人對你某種提議的回應。其中，利益、權力和實力的相對折衝，和它是一場分配型或整合型的談判，當然也至關重要。

高孔廉博士是國際知名的管理學者，學而優則仕，先後擔任研考會副主委、陸委會副主委及海基會副董事長兼祕書長等職，肩負國家政務規劃和兩岸談判二十餘年。他對官場談判和官商談判有十分獨到的見解，對於談判的策略和戰術更有非常成功的經驗。

他近年在政治大學、東吳大學、中原大學等校講授國際談判，信手拈來，都是理論和實務的經典之作。

談判中的僵局、困局、破局與開局

談判和協商是一體的兩面，要能知曉雙邊、多邊，一次、多次和個人、團隊之別，也要能夠深諳主場與客場、會談及會晤、黑臉與白臉、正裝或便裝、單項或成套之分。更重要的是，談判的情境中又有代理人、利害關係人和觀眾，在多方談判中還有合縱連橫的關係。該如何在其中運籌帷幄？

萬英豪博士曾任國防管理學院院長、海基會主任祕書，嫻熟對外談判的策略規劃和行政管理，而後轉任跨國企業，先後負責跨國投資、政府採購和商務談判。他也是台灣大學、政治大學和中華科技大學等校的講座教授。

多邊談判是國際談判常見的場景，這猶如置身春秋戰國時代，談判者的角色瞬間也變成了歷史人物如張秦、孫權、曹操、劉備、諸葛亮、司馬懿等，東方和西方對談判的思維方式固然有所不同，但場景和境遇經常一致，中間當然充滿著詭詐、利害、倫理的兩難矛盾，值得大家深思。

黃丙喜博士現任台灣特許和酷點校園董事長，台灣科大、芬蘭Aalto大學和南洋理工大學客座教授。他的國際商務談判經驗豐富，每每憑藉行為經濟、認知心理和法學經濟三者之長，以理性和感性兼具的談判風格化解尖銳衝突，為談判各方找到可行也可接受的第三條路。

在現實的世界裡，談判的棋局沒有界限，它會隨著空間、時間與系統而演變擴張。每一盤棋局都會連結到其它的棋局：在某一個地方的棋局會影響其它地方的棋局；今天的棋局將影響明天和未來的棋局。因此，談判必須有系統的思考和動態的前瞻，進而找到為彼此加值的互補性策略，設法將餅做大一點，而不是和對手爭奪固定大小的餅。

競是同向，爭是反向，相互作用，產生動能。正反運作，時而相生，時而相剋；所以必須合作，才能擴大正作用，減低負作用。

創造價值的本質是合作的過程，爭取價值的本質是競爭的過程。談判的智慧貴在知道分餅，也知道造餅，兩者缺一不可；不然，一時的贏要用很多未來的輸去填補。

談判的棋局看似每一棋子、籌碼都在眼前，事實上卻是一團迷霧，何況人性還有很多無法預期的貪婪和偏執。若是談判對手有意干擾，如運用虛張聲勢、故布疑陣、情緒激動等談判戰術，談判者便容易遭到迷惑或懾服，因而受到對手的擺布。

找尋談判新典範，開啟談判新格局

面對新的時代，固然要從歷史上學習經驗，但也要善用各種科學和實驗的新發現，包括：腦神經科學、認知行為科學、量子機械理論和系統動力理論……等，並且結合西方模式的自我與組織和東方模式的總體和關係之長，為眼前的談判找到新的思維、方法和空間。

談判的新典範可能從何而來？它又代表什麼談判的新理念、新價值和新方法呢？

談判新典範起源於二十一世紀以來新科學和新實驗的新發現，它分別存在於個人及組織在思考、理念、態度、價值觀和行事方法之中，可以運用於談判上。我們參照牛津大學教授左哈爾（Danah Zohar）等知名學者的理論，加以整理如表0-1。

刀鋒邊緣，我們正踏在人類歷史上罕見而動盪的轉捩點上。

——VISA創辦人狄伊．哈克（Dee Hock）

談判是場對弈，也是一場在刀鋒邊緣的取捨。談判者，無論強者或弱者，一邊身歷其境地感受到對峙的紛亂、輸贏的浩劫、人性的貪婪和脆弱；另一邊也能看見破繭重生的希望、雙贏或多贏的競合，以及人性的價值和光輝。

表0-1　談判的新典範與舊典範

舊典範	新典範
原子論、競爭論	整體論、競合論
強調各單位及個別利益	整體關係和綜合效益
分裂	整合
限定的	不定的
重視確定與可預測性	倚靠不確定與模糊
控制、獨享	信任、互惠
整體完全由單位有界定	整體大於所有單元的總合
由上而下的管理	上下一體的領導
反應型和即刻型	富想像力和實驗精神

混沌、複雜多變、衝突不斷，但又亂中有序，正是當今談判世界的新常態。

該如何優雅沉穩、氣定神閒地登場，下「談判」這盤人生的棋局呢？運用新的科學理論、見解和知識，確實可以讓我們在談判上開啟新的格局。我們四人在本書中有這樣的努力，也有這樣的期許，期待大家多多對話，互相學習。一切，就從閱讀本書開始吧！

第一章
談判的情境

◆核心摘要◆

談判的情境是一切談判真實運作的狀況，包括時間、空間、系統和人所構成的動態。

「情境因素」主要包括：（一）談判者的文化價值觀，個人主義或集體主義、權力距離和溝通的高／低語境；（二）社會動機，談判的動機構成如何影響談判過程和結果；（三）情緒因素，談判中的積極情緒、消極情緒各自對達成整合式談判的影響。

一個有智慧的談判者，首要功課在於熟悉「情境因素」之間的相互運作，並且充分掌握其中存在的談判七大要項，包括：最佳替代方案（Best Alternative to a Negotiated Agreements，BATNAs）、關鍵談判者（Parties）、利益（Interests）、價值（Values）、障礙（Barriers）、權力（Power）和倫理（Ethics）的動態結構和系統運作的情況。

談判也是一種社交互動的過程，根植在一個很大的情境裡面。這個情境會隨著更多文化和國家的介入而更為複雜，使得國際談判成為一個極度複雜的過程。

——羅伊．李維奇（Roy J. Lewicki），美國俄亥俄州立大學商學教授

二〇一七年四月二日，美國總統川普和中共總書記習近平的「川習會」登場了。這是全球兩大經濟體領導人首度會面，備受全球矚目，議程包括了雙方共同關切的全球、區域性與雙邊議題，並將聚焦於貿易、匯率等問題。

川普在競選期間，曾揚言將把中國貼上「匯率操縱國」標籤，當選後與台灣總統蔡英文通話則引發中國正式抗議，隨後在川普表示支持「一中政策」後才化解緊張。

但是，川普接著又下令官員設法解決對中國和其它國家的貿易逆差，也警告川習會將對貿易進行「非常艱難」的討論。

從川普當選美國總統那天開始，被媒體封為「狂人」的他，便以種種非正式或正式的放話，以及叫牌、打牌的談判風格，讓各國領袖如德國總理梅克爾、日本首相安倍、

英國首相梅伊、以色列總理尼坦雅胡，皆不敢掉以輕心。而他常在推特（Twitter）批評通用汽車（GM）、蘋果（Apple）、IBM、諾德斯特龍（NORDSTROM）等知名品牌的做法，也讓「被總統攻擊」成為跨國企業在白板上寫下的危機談判場景之一。

動腦時間：習近平如何面對川普？

假如你是習近平，面對不斷放話、不按牌理出牌的狂人總統川普，你會用什麼方式來因應呢？

談判情境的特性：複雜性＋動態性＋隱微性

讓我們來回想，人類最原始的談判場景——

遠古時代老祖先生存的環境，其實就像達爾文在《物種起源》中所說的，是一個物競天擇、適者生存的世界。部落和部落、族群和族群、人類和動物之間，每天充滿了強者和弱者、智者和愚者，為了分餅或造餅所產生的利益衝突，也因此必須採取競爭或合作、對抗或對立的談判策略。

談判是經由競合對弈，以取得雙贏或多贏的大事；它的情境既是一個競爭、合作的系統，也是一個交流、交易的動態結構。

談判的動態系統是一個由時間、空間和人的心態模式所組成的互動結構。談判之前，我們先要對談判的目的、源起，擁有清楚的了解和設定；談判過程中要針對可能面臨的挑戰和它所產生的利益衝突，有翔實的評估；談判的路徑是指談判的定位和策略，每一階段相互影響，隨機而動。

二十一世紀的談判，存在著不一樣的複雜性、動態性和隱微性。

今日世界紛亂的主因是，世界各國的政府都越來越無力將全球自由化的必然後果——不確定、不可靠與不安全的衝擊，囊括於自身的社會秩序之中。自由與安全、開放與安定之間充滿著衝突的互斥，因此，談判便成為區域和區域、國家和國家、企業和國家、國家和社會、企業和企業等多重矩陣之間，一個重要且緊迫的任務。

世間的事雖然彼此殊異，卻有許多雷同之處。首先，這些都是極其複雜的系統，複雜之處來自其中許多相互牽連的變數。

德國科學界最高榮譽萊布尼茲獎得主杜諾（Dietrich Dorner）這句話，一樣在談判的情境中存在。

錯綜複雜的變數、隱微不顯的奧妙、內在獨立的狀態、不完整或不正確的認知，都是當前談判中我們需要面對、規劃、處理的基本要素。談判本身，就是你我每天工作和生活的常態，哈佛大學商學院甚至用「你可以談判任何事」（You Can Negotiate Anything）來形容談判的無所不在。

不管你喜歡或不喜歡「談判」，在現實的世界裡，我們隨時都是一個談判者。未來隨著世界政治、經濟、社會、文化之間衝突的加劇，它所扮演的角色和功能也將越來越重要。

綜上所述，談判的動態結構，至少包含了複雜性、動態性和隱微性三個要件：

複雜性

指牽涉其中的變數彼此間的相互關係，變數越多，複雜性就越高，例如美國川普和世界各國領導人的談判，涉及的領域（變數）有政治、經濟、貿易、安全、反恐和人權……等，而每一談判因國家特色和彼此關係的不同，複雜性自然就以乘數效應增加。何況，複雜性當中含括的並不只有客觀因素，還有因人而異的主觀因素；所以談判的動態結構就更形糾結了。

動態性

指世間的事務皆屬動態性質的系統。它們不只像一盤棋，只等著棋手移子布局，也會依據自身的內在規律運動，不論談判者是否將之納入考量。事情的演變經常不是被動的，而是有某種程度的自主性，因此，便產生了所謂的時間壓力——時間越是延遲，越會發生無法預期到的變化；我們不能一味等待，也難以求得盡善盡美。

隱微性

指事件的特性並不顯而易見，就像透過玻璃去觀察事物一般撲朔迷離，例如我們經常很難得知顧客確切的滿意度為何，這也為決策又增添了一項不確定因素。

知道了這些談判的情境特性後，讓我們回頭看看真實世界的情境範例。

他山之石

兩位電腦鬼才的衝突

一九七七年六月，電腦鬼才沃茲尼克（Steve Wozniak）和大多數的駭客一樣，喜歡按自己的需求訂製、改裝、加入各種功能。而賈伯斯喜歡追求完美及掌控一切的精神正好與他相左，兩人的衝突就發生在Apple II的插槽上。

沃茲尼克希望Apple II有八個插槽，讓使用者可以插入小型電路板和其它周邊，但賈伯斯堅持只要兩個就夠了，一個連接印表機、一個連接數據機。沃茲尼克是個隨和的人，但唯獨這件事他絕不退讓，毅然決然地告訴賈伯斯：「如果你想這麼做，那你自己設計另一部電腦吧！」賈伯斯只好妥協。

Apple II 後來果真成功了，賈伯斯與沃茲尼克在一九七七年第一屆西岸電腦展拿下三百台訂單，他們從車庫搬了出來，租了間辦公室，還請了十幾名員工，一切看似上了軌道，但賈伯斯的脾氣也越來越喜怒無常、脾氣難以收斂，兩人之間的友誼出現了嫌隙。賈伯斯可能總是念念不忘沃茲尼克那句：「你曾經研發過什麼東西嗎？你什麼都不會！」而沃茲尼克也發現，兩人的理念有很大的不同。

動腦時間：如何和賈伯斯談判？

假如你是沃茲尼克，面對賈伯斯這個個性、專業和理念都不同的創業夥伴，你會如何和他談判？談判希望達成的目的為何？

談判的動態結構

無論是國際間的談判，或是新創企業內部的衝突，是否都具有複雜性、動態性、隱微性的特質呢？

談判的世界是一個經緯交錯的動態、立體的棋盤（圖1-1）。「經」是指談判的基本要意，談的是如何下棋的遊戲規則；「緯」是指談判相關的下棋策略，談的是如何善用腦力、創新、想像力，創造談判的價值及意義。

談判必須經緯兼顧，更重要的是人性、心理和文化的差異並具，才能夠競合有方、進退有據，而且優游其中、樂享雙贏。

談判是一場動態的對弈，經由雙邊或多邊的不確定變數、不對稱關係，在多變的理性或感性的情緒起伏中，求取雙贏或多贏的結局。

談判的動態結構分為兩個層次：

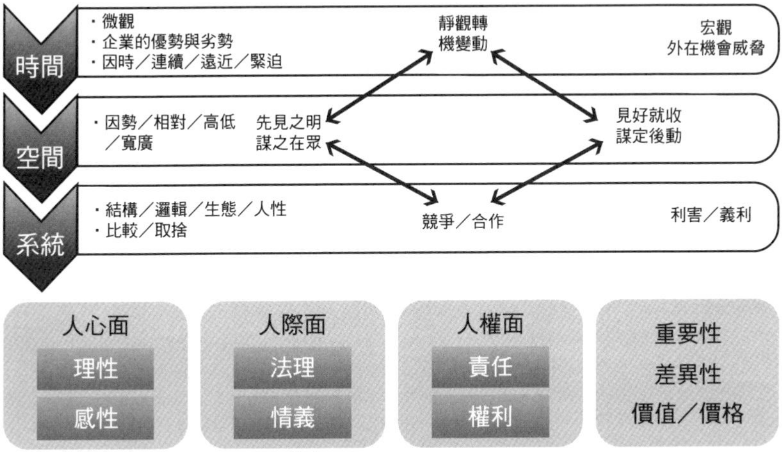

圖1-1　談判的動態立體結構

一、涉及時間、空間和系統的宏觀／微觀兩個面向：時間、空間和系統三者，相互構成一個動態的反饋關係，而這三條軸線又彼此交叉成為一個四角的核心，包括：時機的變動、目標的設定、心理的得失和競合的差異，四者形成了人在談判中最須仔細靜心思考的四個要項，在微觀的見樹和宏觀的見林中間，取得一個能夠洞悉衝突真意的靜觀心境。

靜觀心境強調的是，在談判的時間和空間互動中，既有先見之明，又能在決策上見好就收，進而敞開心胸、善於傾聽、謀之在眾，而且在利害／義利以及競爭／合作的衝突價值體系中，謀定而後動，選擇兩害相權取其輕，或者共同把餅做大的合謀作為。

二、涉及人和人的內部商務價值，以及人和社會的外部倫理價值：價值除了涉及對價格的取捨，更關係到對永續發展等企業和社會價值的考量。企業和人都無法遺世而獨立，對於價值／價格的差異性和重要性，當然必須納入談判的考量範疇。

影響談判動態的相關要素

「飄浮不定的恐懼」，當代政治社會學者鮑曼（Zygmunt Bauman）在《尋找政治》（*Search for Politics*）中，這樣形容今日的世界，顯然，「談判」這門功課對於當前的政府、企業和社會都變得越來越重要。

對談判者而言，如果要能耳聰目明，首先要清楚談判所處的系統狀態，而狀態則有靜態和動態之分。靜態系統，不因時間的改變而改變；動態系統則由於內部各部分的互動，以及外界的影響，會隨著時間而演變。

另外也要注意的是，一個靜止的系統若受外力巨大的衝擊，也會因外力而形成動態系統。例如：美國華盛頓州的塔科馬海峽吊橋（Tacoma Narrows Bridge）是按靜態力學設計的，平日十分牢靠，但一遇超強大風，橋梁便不耐外力所產生的共振效應因而斷裂。所以，動態系統要把許多相關的動態要素考量在內。

那麼，談判的動態棋局涉及了哪些主題？相關的內容有哪些呢？它們之間彼此的關係又如何呢？我們將它整理如表 1-1。

時間：是資源、是價值，也是武器

時間有兩個要素：一是時間的底限，另一是時間的成本。

經過長時間的協商、讓對方筋疲力盡，有時也是一種談判的武器。美國總統卡特、雷根及柯林頓總統的談判智囊赫伯．柯漢（Herb Cohen）指出，「時間」對談判的意義，指的是你要用多少時間去結束這場協商，還有什麼時候是結束協商的最好時機。超市通常會提供限時採購的特價商品，就是為了縮短我們考慮的時間。確定對手什麼時候「想要」或者「必須」結束協商，又有「多少時間」來結束協商，

表 1-1　談判動態的相關要素

動態	主題	相關內容	相對關係
時間	時點	快慢／急緩／轉折	水平／垂直
空間	位置	主動／被動 立場／位置／心態／態度 角度／距離（長短） 僵局	角度／距離 （長短）
能量	變化	正性／負性 力度／熱度	輕重緩急 強弱
數量	比率	多少／得失	相對性
質量	含量	硬軟	實虛
介面	交集	糾結／纏繞 整合／合併	組合性 策略
認知	心態	心智模式 感受／認知／情感 價值／意義	相對性 文化
作用	向量位移	迴旋／翻轉／閃 ／伸展	體質性／作用力

是談判者很重要的考量。

時間在談判中是個重要的資源，對手有多少時間是一件重要的情報。我們應該知道誰在時間上是有優勢的，時間站在哪一邊？例如，當客戶拜訪我們的時候，也會順道去拜訪我們的競爭者，我們必須知道客戶的商務旅行時間是多長。當你的客戶的時間到了，他必須帶一些成果回去。如果你能占用客戶更多的時間，客戶就不會有時間和你的競爭者比較價格了。

美國過去與共產國家的談判，常常以妥協做為收尾。因為共產國家很清楚，既然坐上談判桌，如果民主國家代表沒有在選舉結束之前獲得結果，那是選舉大忌，也因此常常在時間緊迫的壓力下，答應了一些本來不想、也不應該讓出的條件。

在時間這項要素裡，必須考慮灰色地帶。想清楚那些並非直接與價錢或成本有關，但是與你的生意有關的事項，特別是你有機會透過協商得到一些更有利的條件。相同地，你也應該備有一些彈性，在需要讓步的時候拿得出手。當然，你也要清楚表達，這些讓步對對方有什麼價值，以讓雙方在談判過程中有可以妥協的空間。

空間：平衡彼此的實力與權力

談判的空間結構，談的是彼此之間利益衝突的大小，和彼此實力及權力的高低。實力是籌碼，也意味著你有多少資源、你的底限在哪裡。權力則指你得到多少談判授權，授權可以讓你在談判中做一些立即的決定，以得到多少或何種利益。

在談判中最強而有力的籌碼是退出談判，可是這並不是談判的目的。因為如果你不想從對方那裡得到一些東西，你根本不需要談判。

先確定你的目標、你的優先次序，和你能夠拿出什麼來。對方願意和你談，一定是你有什麼可以提供給對方，增加談判的價值和意義。

最難估量、卻最重要的就是無形價值。談判世界裡講的「黃金橋」（Golden Bridge），就是談判的無形價值——尊嚴和面子。談判的利益可以達到雙贏，但一定很難估量價值的不均。那該怎麼辦？當然要搭上充分為對方保存面子的黃金橋。

在會談前，你一定得清楚這三件事：為什麼你需要這場談判？什麼是你想得到的？什麼是你可以放棄的？

正如美國企管顧問杜利其（David L. Doltlich）所說：「信任和開放的態度就是成功的關鍵所在。」任何衝突的事都有個交集，有智慧的人就能在這些看似衝突、複雜和多變的事物中，找到它存在的交集。談判的空間裡，經常出現這種柳暗花明又一村的全新轉機。

系統：從所有關係當中找到「槓桿點」

系統思考是美國管理學者聖吉（Peter Senge）在鉅作《第五項修練》（*The Fifth Discipline*）所提出，它關切的是系統中的動態行為，以及產生動態行為背後的結構。它強調當我們面對一項事物時，應當先掌握整體，再進入分析所有要素以及其關聯性，從個別要素往下拆解、分析更小的要素，整體掌握事物的結構與層次，才能透徹了解整個事物的內涵。

我們生活的世界，小自原子，大至宇宙，林林總總都是系統中的系統，談判當然也是一個系統。談判的系統思考所涉及的相關主題、內容和關係，列舉如表1-2。

系統，是指單一主題，依序將相關的內容聯合匯集成為一個整體。系統的分類有繁與簡、有機與無機，又有具體和抽象等等不同；同時，就系統就所處形勢，又出現了封閉和開放兩種不同的系統，封閉系統和外界沒有任何的交流，也就是沒有物質、能量、動力或資訊的進出，開放的系統則與外界有各種交流。

系統思考的訣竅是跳脫線性思考的限制，掌握發生各種事件的模式，從整體的視野採取長遠對策，找到「槓桿點」後，借力使力解決問題。如何在每次談判中找到借力使力的槓桿點？這正是談判者的首要功力。

對於談判來說，系統思考的習慣是願意從大處著眼，從提出假設、加以測試，一直到深思熟慮，三思而後行，整體構面如圖1-2所示。

系統對談判的重要性在於，要從談判所處的大小、內外、上下的關係中洞察它的相互變化。因此，要從系統的特性、結構、介面和要素，依據其上下前後系統的相互關係，整理出其關鍵內容，包括爭議／衝突／歧異、對立／合作或零和／分配、溝通／對話或對陣／博弈、恫嚇／通牒或籌碼／棋子，以及它所形成的輸贏／利害或滿意與否／接受與否的矩陣裡，清楚且智慧地掌控談判的脈絡。

表 1-2　談判系統思考的要素

系統	主題	關鍵內容	相互關係
上系統	源生主題	爭議／衝突／歧異	因果關係（立場／位置／心態／態度）
下系統	衍生議題	對立／合作　零和／分配	體用關係（方法／策略）
前系統	本體	溝通／對話對陣／博弈 恫嚇／通牒　籌碼／棋子	
後系統	效用	輸贏／利害　矩陣 滿意與否／接受與否 矩陣	
介面	理解媒介	訊息／資訊／語言	水平／垂直
基因	組成要素	感覺／心態／解讀	
結構	組合結構	獨立／依賴或相互依賴	
性質	系統特性	取捨／壓力	
應用	演繹歸納運用	實例／圖表／觀點／應用	

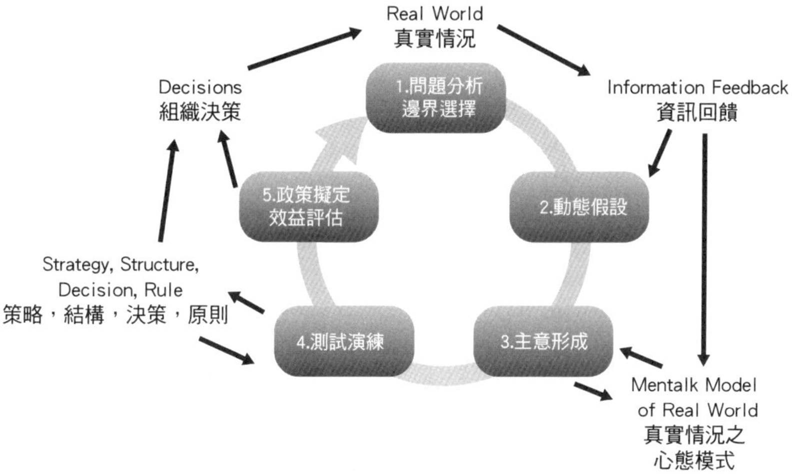

圖 1-2　談判的系統思考過程

從「如果」開始：談判的情境推演

「如果」是歷史學家最喜歡偷偷提出的問題。「如果」可以讓我們質疑被長久相信的假定，並且界定真正的轉捩點，還可以消除後見之明的偏見。

——羅伯．考利（Robert Cowley），第一次世界大戰史學權威

由於外部的環境和內部的資源都是動態的，所以，談判者一定要知道隨機而動。「假如……何時」（If…When）、「假如……如何」（If…How）、「不行……但是」（No…but）等諸多前提式的假設，是談判之前必要的情境推演。

對歷史學者而言，骨牌是向後倒下的，他們經由系統和動態的構面，解析和整理古今中外的著名案例，試圖讓結果的骨牌向前倒。他們會這樣思考：

假如，窩闊台不是在西元一二四二年駕崩，蒙古人沒有因而自歐洲撤軍，歐洲文明會遭到什麼毀滅性的改變？

假如，華盛頓在獨立戰爭中被英國人殺害或俘虜，美國能獨立成功嗎？二十世紀還

會有強大的美利堅合眾國嗎？

假如，蔣介石在對日作戰勝利之後，願意接受國際列強的安排，讓中共統治中國東北，今日的中國將會是怎樣的面貌？

假如，希特勒不要太過自信，不要貿然入侵蘇聯，而是取道中東地區，現在歐洲通行的語言會是德語嗎？還需要歐元嗎？

影響歷史的關鍵性轉折很多，歷史人物選擇了其中一種，造成今日的歷史事實。除了探究既定的歷史事實之外，回到從前推測歷史的另一種可能，也是令人興味盎然的遊戲。

探尋歷史上重要事件的「如果」——如果這些「如果」真的發生了，今日的世界地圖將是另一番不同的面貌。這樣的「如果」式假設，也可以運用在談判之中。

實用工具

談判情境規劃的六大步驟

情境規劃讓企業經由環境內外整體架構和變動因素的分析，找出未來和策略之間的整合之道。對於談判來說，事先預計未來的發展前景和可能的結果，進而找出可行的方案和策略一樣非常重要，特別是複雜多變已是今日環境的新常態。

情境規劃的全景地圖如圖1-3所示，它主要分為六大進程，包括：

一、界定焦點問題（frame current environment）。

二、掃描未來的發展趨勢（scan）。

三、預測可能產生的情況（forecast futures）。

四、前瞻可能的情境（develop visions）。

五、擬定可行的因應計畫（plan）。

六、提出行動策略方案（act）。

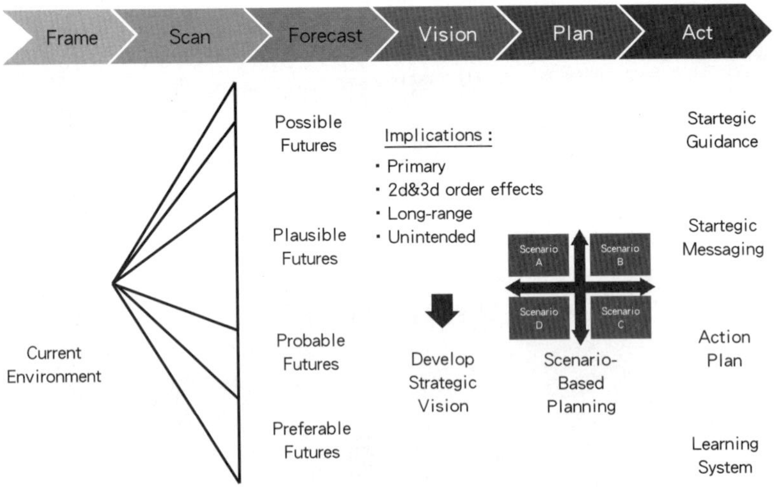

圖1-3　談判的情境規劃

情境規劃也可以說是策略評估的歷程，它從內外環境資訊／資源、優勢／劣勢開始進行交叉影響和因果關係的分析，由此激發聯想，產生策略組合，以致創造希望／利用／應該（WUS）的效益。

情境規劃是未來談判策略的探測器，必須深刻了解影響未來最不確定與最重要的動力（driving force），其本質與可能發生的效果。

情境規劃在動態談判中的實務運用，可以分為情境分析（scenario analysis）、預見未來（envision future）和行動策略（action plan and strategy）三大部分，每一階段對談判的價值和意義表示如表1-3。

表1-3　情境規劃的三大部分

情境分析	預見未來	行動策略
•預測未來環境變動的可能風險因子，和危機的演變趨勢 •誰做什麼？何時發生？何地發生？因何原因？	•對未來最有可能的組織狀態，預先了解行動因素之間如何協調搭配才能運作良好，並且理解風險和危機演變的動態行為特性、未來狀態和到達那種目標的未來途徑	•在前述理解下，建立能夠實現未來期望的組織運作和風險管理系統 •持續監測環境因素的變動趨勢，對未來的危機情境做必要的改變，以及調整組織系統在未來危機情況上的協調與一致性
預測談判的風險因子、衝突項目和可能的演變	了解談判的可能情境，其中的行為特性，了解可能的談判目標和途徑	隨時掌握談判相關內外環境的變動，及時調整談判的策略

不對等和不確定的情境：如何在不一致中，追求一致的均衡

混亂是談判中必須接受的現實，因為不確定、不對稱和不透明是談判過程中存在的常態。

哈佛大學談判學教授惠勒（Michael Wheeler）主持哈佛大學、麻省理工學院和塔夫茨大學（Tufts University）跨學科談判專家團隊的研究多年，強調談判的變化和隨機應變的重要性。談判不僅是虛張聲勢或討價還價，其中的挑戰在於雙方的偏好、選擇和關係通常處於不斷的變化中。理論家也許可以對這樣的現實避而不談，但頂尖的談判專家必然會將之納入考量。

促成巴爾幹半島和平的霍布魯克（Richard Holbrooke）將談判比擬為爵士樂而非科學：「這是關於某個主題的即興創作……你知道自己想達到怎樣的目標，但卻不知道如何才能實現，整個過程並不是線性的。」

聯合國特使卜拉希米曾成功調解過世界上一些最暴力、最不可預知的動盪地區衝

突。他用航海的比喻來表達同樣的想法——談判人員必須一直「透過視覺導航」。他警告，無論我們如何用心準備，都一定會遇到意外，不管是好的還是壞的，而這些意外情況需要我們修正前進方向。

體育經紀人戴爾（Donald Dell）成功為籃球隊員尤因（Patrick Ewing）和馬龍（Moses Malone）談定了大筆的生意。他說：「事情往往不會按照計畫進行。我不記得自己有多少次已經做好了談判準備，但卻遇上了一些人或事，從而打亂或者改變了我正在進行的交易。面對這種情況，保全自己的唯一方法，便是假設有一些事情你並不了解。這個建議不僅會讓你的思維迅速跟上交易，迫使你考慮對方的動機，而且也將讓你不忘自我檢查。」

格林（Tom Green）是個了不起的談判代表，曾協助重組正面臨衰敗的健康維護組織（HMO）。他說談判成功的祕訣是：「讓朋友在談判中煩亂。」他知道所有的談判，或大或小，都是混亂的，因為它們通常發生在變動而且往往不可預測的環境裡。然而，這並不是說談判是隨機的。這個過程是由雙方共同推動的，一旦了解看似很小的動作或手勢可以改變談判的進程，就能理解達成共識和陷入僵局的差別。

隨機應變指的是思維方式和策略上的靈活多變。情緒上要同時保持冷靜、警惕，態度上要耐心且主動，行動上要務實又有創造力。隨機應變要在走上談判桌時，知道什麼時候獨奏，什麼時候合奏，而且善於掌握觀察、調整、決策、行動。

在關鍵時刻，審視談判情境中的「臨界點」

談判必然涉及價格、行情和價值，行情的決定必然涉及「不對等的資訊」。根據「市場充分開放理論」，獲利高低的關鍵在於未知訊息取得的先後。內線交易講的就是這個道理：未公開的訊息越早取得，獲利程度就越高。資訊的掌握是談判成敗的關鍵。

因此，談判第一個要知道的就是資訊是否充分、透明，和立場是否對等？資訊不透明等於在黑箱中談判，立場不對等等於在困局中談判，都是談判的大忌。

談判的另一重點是價值的交換。經濟學者密爾（John Stuart Mill）對價值的定義是「被感受到的重要性」（importance felt），管理學界的定義是「被感受到的差異」（difference felt）。兩相加乘，談判的功力就是要讓對方時刻感受到他取得東西的重要性和差異性。而價值的高低是經由比較而來的，哈佛商學院提出的解決對策是「最佳替代方案」（BATNAs）。你可以善用它在買賣雙方之間的強化與弱化，來提高對方對你在談判中提供的產品服務價值的感受。

當然，價值也和行情密不可分。而行情有漲有跌，除了資訊透明外，大勢的走向分析絕不可少。至於規格／數量／付款等交易條件，也必然要納入談判的考量細節，不能掛一漏萬。

談判之難在於你必須掌握決定的轉折點。如果有人向你提出很有吸引力的建議，那麼你什麼時候應該採納它，什麼時候應該提更多要求呢？有能力的談判者善於在其它人只看到僵局的情況下尋求合作。

想想談判的「動態結構」和「系統思考」吧！時間上，考量一下在各方衝突的議題上，應該先行解決的不同階段和時程先後；在空間上，決定每個議題相關的利益、權力和實力這塊「餅」可以切割的大小；最後，放遠視界、拉大心胸、轉化競合、易地而處，這樣彼此的爭議就解決大半了。

談判思維

談判世界的情境地圖

談判的情境地圖就是談判的動態結構和系統思考的運用。美國學者李維奇（Roy J. Lewicki）、桑德斯（David M. Saunders）和巴瑞（Bruce Barry）將之運用在談判的情境中，以時間的現在和未來的演進為橫軸，以空間的實力、衝突和策略為縱軸，加上系統的關係、團體，在相互矩陣中交織成一幅談判的動態立體情境地圖（如圖1-4），值得大家細心推演，加以應用。

至於，什麼是影響整合式談判的情境

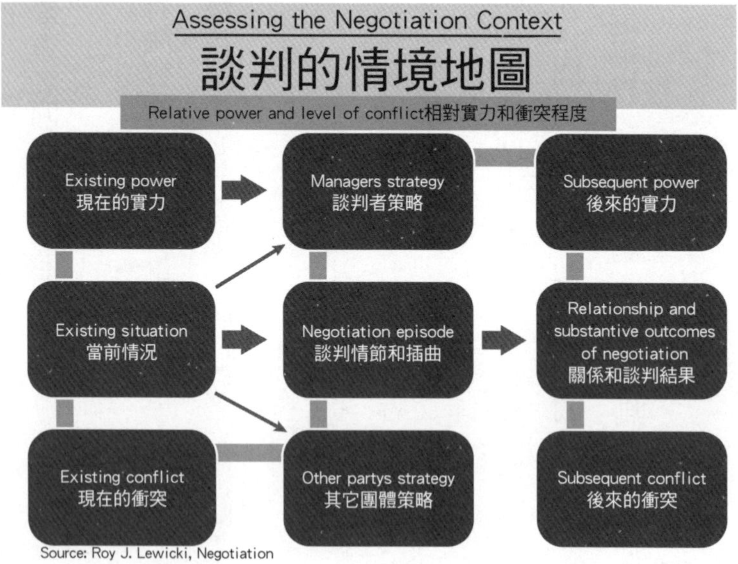

圖 1-4　談判世界的情境地圖

因素呢？北京航空航太大學經濟管理學院教授張真、皇甫剛研究國內外各家說法，經過歸納和分析，整理如下。

談判者的文化價值觀

文化價值觀（value）表明在某個社會群體中人們認為什麼是重要的，什麼是不重要的。它構成了談判者立場基礎的利益（interest），並能創造出一種社會環境，使某些策略比另一些策略在談判過程中更容易被選擇，透過影響談判者在談判過程中採取的策略，間接影響了談判結果。

整合式談判學者普遍關注的文化價值觀有三大類：個人主義／集體主義、平等主義／等級主義、溝通的高語境／低語境。

一、個人主義／集體主義：溫戈特（Laurie R. Weingart）發現當談判雙方都採取利己主義策略，或者都具有很高的個人主義目標時，便會形成僵局；然而，由於高的談判目標會將談判不斷向前推進，只要他們能夠達成協議，聯合收益的水準就會很高；另一方面，具有集體主義價值觀導向的談判者也不一定會獲得較高的聯合收益，因為儘管他們在談判中更傾向合作，但是當談判雙方都把談判看成是「零和」博弈時，合作反而會導致雙方滿足於達到雙方都「滿意」的談判結果，而不是繼續尋求「最佳」的聯合收益。

二、平等主義／等級主義：談判者的影響力行為（influence behavior）即談判者用來追求個人目標、動搖對方立場的策略（如威脅、表達立場等）。在具有等級主義傾向的文化中，人們強調不同的社會地位，由於社會地位隱含著社會勢力，因此談判過程中雙方更容易將地位做為影響力的來源；而在具有平等主義傾向的文化中，人人都期望能被平等對待，於是影響力的來源主要是談判協定的最佳替代方案（BATNA）。

最佳替代方案的概念由哈佛大學教授費雪（Roger Fisher）等人提出，是指當各方談判者在目前的談判中不能達成目標時，會採用的方案。由於最佳替代方案會隨著交易的不同而改變，因此在談判過程中，平等主義文化的談判者較少採用影響力策略，而會將更多的精力用於交換各自的利益和優先事項（priority）。

三、高語境／低語境：資訊分享也是達成整合式協議的重要途徑；但是，溝通方式的不同，造成談判者的資訊分享策略也有所差異，這些差異體現在資訊分享方式的不同：低語境文化談判者多採用直接資訊分享策略，即透過一問一答、討論共同利益、回饋的形式來直接陳述自己的利益和優先事項；而高語境文化談判者傾向於使用間接資訊分享策略，談判對手需要根據上下文語境、字裡行間、談判者的神態、語氣等，透過不斷地嘗試錯誤、提議和反提議來推測對方的優先事項。另一方面，高語境文化的談判者既可以直接分享資訊，也可間接分享資訊，而低語境文化的談判者則很難掌握間接訊息分享方式。

社會動機

社會動機是影響整合式談判的重要因素之一。合作理論（cooperation theory）根據對自身和對他人利益的關注程度不同，將談判者劃分為兩大類：只關注自身利益的談判者稱為「個人主義者」（egoistic），而關心自身利益，又關心對方利益的談判者稱為「親社會者」（prosocial）。

根據合作理論的觀點，個人主義者對對手懷有不信任、敵對的態度，於是在談判中個人主義者更常使用勸服、表達立場資訊等談判策略去影響談判對手；而親社會者之間由於相互信任和積極為對方考慮，在談判中更常交換資訊，因此當談判雙方具有相同的社會動機時，親社會動機談判比個人主義動機談判更容易達成整合性談判協議，取得較高的聯合收益。

荷蘭阿姆斯特丹大學心理學家卡斯藤・德・德勒（Carsten K. W. De Dreu）經由對以往二十八個關於談判者的社會動機研究，驗證了雙重關注理論（Dual concern theory）的觀點：只有當談判者同時具有親社會動機傾向和較高的拒絕妥協行為時，在談判過程中才會減少爭論、增加問題解決行為，並且具有較高的聯合收益。

情緒因素

情緒是指一個人對某個情景所感受到的心情或感情狀態。按照感受不同，可將談判者的情緒劃分為三種：理性情緒、積極情緒和消極情緒。

積極情緒對談判結果的影響為：心情愉悅的談判者相較於心情低落的談判者更不常

爭論，較常採取合作策略，更願意發揮創造性思維，提出多種解決方案，並進行權衡。

關於消極情緒對整合式談判的影響，人們一向認為消極情緒（憤怒、急躁等）會帶來較低的聯合收益，凱斯・阿爾弗雷德（Keith G. Allred）教授發現處在憤怒中的談判者，比心情愉悅的談判者的聯合收益更低。皮魯塔（Pillutla M. M.）和莫尼根（J. Keith Murnighan）教授也發現處於憤怒中的談判者，甚至會拒絕一些對他們能夠帶來經濟利益的提議。

但是，席納索（Marwan Sinaceur）和蒂登斯（Larissa Tiedens）教授指出，有些時候適當流露出消極情緒對談判結果也是有利的，因為這樣做會迫使對手讓步，特別是當對手的備選方案較差時，在面對面的談判中有策略地運用消極情緒，會幫助談判者獲取較大的利益。

小心「贏家詛咒」與「輸家魔咒」

人類為何在擁有如此智慧、經驗及資訊的狀況下，還是經常犯錯，甚至造成不可收拾的後果，在談判當中也經常如此？

德國科學界最高榮譽萊布尼茲獎得主杜諾發現，這其中的癥結不在於不用心或怠忽職守，而在於人們的思考模式，諸如一次只考慮一件事、因果式聯想或線性的思考方式，杜諾稱之為「錯誤的思考邏輯」(logic of failure)。

錯誤的思考邏輯起因於，沒有預料到談判關係是一個動態立體的結構，它有時間、空間和系統三條軸線，更重要的是深藏其中的心理和心態因素。我們要懂得時時將談判的主題和價值，放回系統思考和動態的結構中去分析、評價和衡量，才不致在談判中見樹不見林，或見林不見樹。樹：太專業，太短視；林：太理想，太遠視，不現實，只看到樹或只看到林，就會落入了「贏家的詛咒」或「輸家的魔咒」的惡性循環之中，造成無盡的懊悔與煩惱。

當今社會錯綜複雜，事事息息相關，牽一髮而動全身。單一、線性或孤立的因果式思考，只會徒然招致失敗、陡然帶來災難。

實用工具

善用情境和情緒的五個談判步驟

史丹佛商學院教授尼爾（Margaret Neale）和萊斯（Thomas Lys）在《無往不利的談判術》（*Getting More of What You Want*）中，從行為經濟學的觀點出發，挑戰傳統的談判要領，認為只要你不再把談判視為戰鬥，就會產生更有創意的解決方法，更能夠把情境視為談判的機會。

他們系統性分析情緒會怎樣影響談判，指出很多人會為了得出解決方案而大大讓步，甚至犧牲自己的利益。

「為同意而同意並不好，除非達成協議是你最在乎的事。」尼爾說：「如果是這樣，你根本不用協商，只要接受對方丟出的第一個提議就好。」還有其它心理機制會影響談判，例如完全不期待結果，或是讓對方產生期待。尼爾和萊斯整理十多年來的研究，告訴你應該怎麼談判。「談判就是找出解答，解決對方的問題，讓你的處境比談判前更好。」

在商業的世界，「勝利」幾乎是用錢來定義。你想從談判獲得的好處可能包括錢、時間，與對方建立更好的關係，或是在會議中達成特定結果。他們提出了善用情境和情緒的談判五步驟：

一、評估

確認情勢，判斷目前適不適合協商。「我能改變結果，而且讓自己過得更好嗎？」問問自己，你是否有足夠的情報，能在談判中擬定可行的提案和有創意的方案。如果評估後的答案是肯定的，那麼就準備前往第二階段。

二、準備

多數人就是在這裡栽了跟頭。很多聰明人把談判當成即興劇場而不是需要計畫、準備、做出策略性選擇並維持紀律的獨立流程來看待。重點是你要在談判前，盡可能了解自己和對手的立場、立足點。每個人都有立場，但立場與議題、爭執不一定有太大的關係。

三、詢問

傳統的談判要訣認為：丟出第一個提案的人必定輸掉談判。但這種老派想法忽略了「錨定」（anchoring）的作用。當你從準備當中得知自己和對手想要的東西，並丟出第一個提案，你其實是在把談判「錨定」得更靠近你自己想要的結果。有幾種方法可以讓你的第一個提案更添吸引力，只要這個提案看起來越客觀，你就會得到越多價值。另外，精確的提案也優於大略的提案。

四、包裹方案

為避免對方產生抗拒心理，你可以提出一整套經過包裹的提案，接著說：「我們要如何修訂出對雙方都可行的結果？」當你這方在談判中權力較小時，提出包裹方案的戰術特別好用。如果你能看出對方的需求，例如挽回顏面或者在他老闆面前表現一番，就能擬定對方更可能接受的包裹方案，這對你來說也更有價值。

五、維持強大的心理素質

期待的影響力很驚人，包括你對自己的期待。在談判桌上保持強大的心理素質，會非常有用。以下是當你坐在談判桌時，可以用的幾個小撇步：

一、回憶起你對別人施加權威的時刻。專心想想當時發生什麼事、你的感受以及整個經驗。

二、回想你覺得自己外表很迷人的時刻，這會影響你在談判中主張權利的能力。

三、試著擺出有威嚴的姿態。不少研究證實，相較於畏縮的姿勢，張牙舞爪的坐姿或站姿，會影響你處理風險的意願、你的可體松（壓力荷爾蒙）和睪固酮（權力荷爾蒙）濃度。

加州大學柏克萊分校和紐約大學的新研究發現，把一些情緒帶到談判桌上，有助你贏得談判，甚至是透露一些能引發對方同情的個人資訊，有助說服他們從你的角度來看待事情。

第二章

談判的棋局

◆核心摘要◆

國際談判，就有如是在下「世界」這盤棋。不管你喜歡或不喜歡今日紛亂的世界，我們共同面對的現實就是，國際這盤談判的棋還是天天開局，若想扭轉乾坤，就得靠自己發揮知識和膽識，運用智慧去下每一顆棋子。

蘋果創辦人賈伯斯曾說：「我願用我所有的科技，去換取和蘇格拉底共度一個下午。」這句話盡顯了智慧的重要性。

競合是今日和明日談判的遊戲規則。在談判的棋局裡，反擊，是進取中的競合；僵局，是無聲的對弈。

談判桌不是武打的擂台，也不是廉價的諮商，接下來將說明怎樣的迷思將會使這場棋走向敗局。

只要能夠說服你，有些人什麼話都講得出口。想要成為一名有技巧的談判者，就得仔細檢視交易的條件，專心傾聽對方說話，想想看你聽到的和你認為對方的真正目的之間有無落差。從這裡出發，開始談判，再用直接和間接的問題追根究柢，直至找到對方真正的目的為止。

——川普，美國第四十五任總統

二〇一二年七月二十五日，發生了一件在台灣國際談判史上，被社會大眾視為奇恥大辱的一天。此事引起朝野政黨和社會民意的強勁反彈，媒體紛紛以「美牛風暴」報導此次爭議。

這一天，立法院臨時會三讀修正通過《食品衛生管理法》部分條文。衛生署據以正式解除含萊克多巴胺（俗稱「瘦肉精」）牛肉禁止進口的限制；農委會則修正二〇〇六年動物用禁藥的公告：「乙型受體素（β-agonist）為禁止製造、調劑、輸入、輸出、販賣或陳列之藥品」，開放萊克多巴胺做為牛隻含藥物飼料添加物。台灣從二〇〇三年以來禁止含萊克多巴胺牛肉進口以及做為飼料添加物的大門，一夕撤守。

進口美國牛肉，被台灣政府視為與美國重啟貿易暨投資架構協定（TIFA）與簽訂自由貿易協定、赴美免簽證、對台軍售等加強台美關係的重要措施。但美國牛肉曾出現狂牛症、殘留瘦肉精等問題，因此，是否該比照美國國內、日本、韓國等國家標準，容許進口或國內生產牛肉中殘留萊克多巴胺，甚至該不該開放進口都變成爭議性議題。它並不僅與食品安全領域相關，也涉及台美雙方的貿易、政治與戰略關係。

破局、解局、僵局、和局本是談判賽局的常態；但是，當時台灣談判者誤解競合談判的真正意義，在虛幻不實的迷霧中扭曲談判的認知，徒然壓縮自身進退自如的時間和空間壓力，也未能適時因利勢導，創造可以爭取的價值，導致美方予取予求，不但要求撤守牛豬分離，進而開放含萊克多巴胺的豬肉進口；而且一波波的開放清單，也藉著自由貿易之名排山倒海而來。

談判如對弈，圍棋如同人生，一步錯，可能全盤皆輸。談判雖然不像圍棋有三百六十一個選擇，但要怎麼走才是對的？

當談判結束後，你可能會認為「今天的談判，我應該占上風吧」，或是「今天被對方擺了一道」。如果你有這種想法，那是因為你認定談判就是一種零和賽局（Zero Sum Game）——所有參與者的獲利加總起來等於零，也就是若有人獲利，他獲利的部分就是別人損失的部分。然而，並不是所有的談判都是零和遊戲，確切地說，它比較像是一種知識競合的遊戲。

談判（negotiation）是科學也是藝術，它的核心精神是在各方的立場、價值和目標的複雜衝突中，試著找出彼此都可以接受的解決方案，追求雙贏或多贏的結局，不像協商（bargaining）會在競爭情勢下出現有輸有贏的局面，這是全世界的國際談判學者和名家開宗明義強調的談判基本精神。

談判致命錯誤一：以為談判就是分出勝負

對許多談判者而言，他們最致命的第一個錯誤就是只看到談判的表象定義，而忽略了談判的深層內涵和真正的核心價值。談判不是非黑即白那麼簡單。若是足球或棒球等運動，就能夠簡單地決定勝負。日本慶應義塾大學法學院教授田村次朗在《哈佛、慶應最受歡迎的實用談判學》中指出，因為這類運動比賽的遊戲規則很清楚，分數多的隊伍獲勝；不過政治，經濟和商場上的談判，並沒有那麼明確的勝負標準。

問題一：談判是一場「勝負」賽局嗎？

嚴格來說，若是想要評斷談判的勝負，換個說法不過就是「想要贏」，或者因為對結果沒有信心，所以內心產生「可能會輸」的不安而已。而事實上，談判講求的是「明智的共識」（Wise Agreement）。

問題是，明智的共識並非不請自來。美牛輸台事件引起那麼大的反彈聲浪，主要的原因固然和民眾偏向以勝負來評價談判的結果有關；然而，立法部門和社會普遍認為就「人民健康權」的普世價值而言，政府欠缺了自身的立場，這才是關鍵。

台灣政府針對此一談判遭遇的壓力是，到底要不要開放？面對美國強權市場的進逼，談判者應該有怎樣的系統思考和決策作為，以維護國家最佳的政治、經濟和社會利益？這其中產生的幾個主要爭議是：

- 二〇〇三年底，美國發生狂牛症疫病，台灣依據國際畜疫協會規則及《動物傳染病防治條例》規定，公告美國為疫區，不得進口其牛肉及相關製品，但政府為何未依法執行？
- 日本為狂牛病疫區，但其進口美國牛肉的限制卻比台灣嚴格，何以如此？台灣為何不採日本進口模式？
- 進口美國牛肉談判，為何由駐美代表處主導？為何不是由農委會擔綱？何以美國強力進逼，不避大人欺侮小孩之嫌？
- 「牛豬分離」是台灣的主觀意願，它是否會淪為一廂情願的樂觀？應如何在此次談判中避免衍生其它後遺症？

民眾對於談判的期待，當然是在互惠互利的原則下有捨有得，而不是在強權壓力下的勝負談判，以免徒增雙方關係的對立和衝突，如圖2-1。

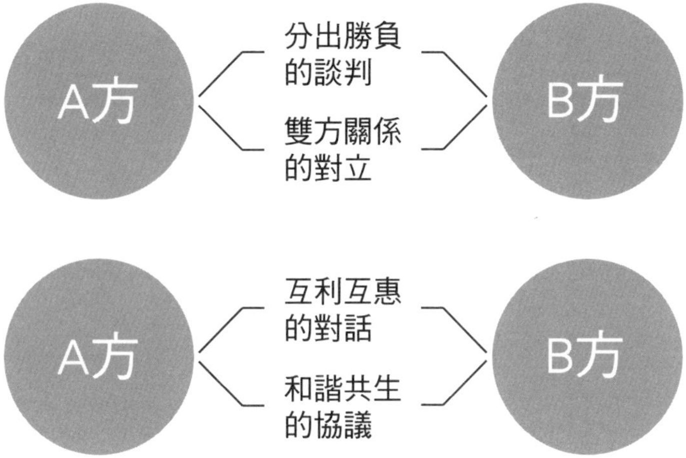

圖 2-1　談判雙方的關係

問題二：何謂明智的共識？

談判結果的評斷標準，是最終能否達到「明智的共識」。哈佛大學談判學教授費雪定義，明智的共識是「盡可能滿足當事人雙方的正當期望，公平調整對立的利害關係，就算經過一段時間，此結果仍不失其效力，同時解決方式也考慮到整體社會的利益」，如表2-1。

反映自己的最大利益是明智共識的首要條件。認定談判是零和遊戲的人，會認為「自己利益的最大化」等於「剝奪對方的利益」。在談判中，雖然首先要主張自己的利益，但同時也要能夠提出對對方有利的建議。

表2-1　明智共識的四個象限

充分正當的期待	公平調整雙方的利益得失
彼此共識的持續性	整體社會的共同利益

資料來源：《哈佛這樣教談判力》，羅傑．費雪著

談判的基本原則是捨與得（Give & Take），也就是互惠原則（Reciprocity）主導一切。收受禮物就要回贈禮物，這個人類文化的本質也在談判中充分適用。

日本談判學教授田村次朗指出，若想在談判中以明智的共識為目標，就應該思考只要我方不提出對對方利益有貢獻的提案（Give），就無法從對方手中得到我方想要獲得的利益（Take）。我想在談判中獲得最大的利益，對方也是同樣的想法。若想要讓雙方都點頭同意，就必須清楚了解，對方若沒有得到好處，就無法達成共識。

評論談判的勝負幾乎是無意義的舉動。比起談論勝負，把焦點放在自己是否得到最大的利益？透過這場談判，對方獲得多少利益？還有透過這項談判，共識是否有持續的可能性？如此才會提高談判的成功率。美國學者高里（Pervez Ghauri）提出以兩個因素——「談判結果」（Result）和「維繫和諧」（Partner）垂直交叉成的四個象限，做為談或不談、讓或不讓的參考要件，如表2-2。

表 2-2　談判結果與關係和諧的平衡

	R 談判結果	P 維繫和諧
R 談判結果	R比P重要 →求勝	兩者皆重要 →雙贏策略
P 維繫和諧	皆不重要 →可以不談	P比R重要 →禮讓

台美迄今的經貿談判，多屬R和P都重要的情形，所以一般皆得採取雙贏策略。問題是，在中美日台四方拉鋸的動態關係中，台方並不一定老是居於無可奈何的劣勢，何況人身健康權已經變成國際公認的普世價值。

開放牛肉進口，其實只是美國想將一切含瘦肉精農畜產品輸出到台灣的第一行動；但是，美國政府談判的姿態太高，太不尊重民眾感受，造成後續的對台談判遭遇更大壓力。

回顧此次美牛風暴的發生背景，不難發現談判並沒有明確的勝負標準，但是，社會大眾對於涉及人民財產和健康安全的價值，與公平公正義立場卻十分堅持。美國於二〇〇三年底發生狂牛症，台灣立即列為疫區並中止美國牛肉進口。二〇〇五年，政府卻漠視法令規定，宣布開放美國不帶骨牛肉輸台，但對帶骨牛肉及其它產品，則拒絕進口。

台灣未遵守《動物傳染病防治條例》規定，採「三管五卡」寬鬆條件同意進口，即管源頭、管離境、管市場之三管，及核對證明文件、標示產品資訊、開箱嚴密檢查、食品安全檢驗、資訊即時查明等五卡檢驗手段，在入境後防疫，違背農委會長期執行的在產地即嚴格管理的防疫原則。此種措施與《動物傳染病防治條例》規定的精神不符，也未堅持疫區進口從嚴認定。

依世界動物衛生組織「陸生動物衛生法典」（OIE Code）規範，安全牛肉係指不受疫區狀態影響之牛類產品，另一類屬規範產品除去骨牛肉，牛皮、牛油、動物膠原、精液、胚胎、血液製品磷酸鈣外，其它具有特殊風險者，仍受限制。例如牛腦、眼、頭顱，依議定書之內容，三十月齡以下牛隻，在進口商未下訂單輸入者一旦被發現，衛生署得將其退回。

也就是說，若有訂單，即不能退貨。牛腦、眼、頭顱、脊髓具有較高風險，並非美國人的食物，《動物傳染病防治條例》規定為禁止輸入產品，主管機關是農委會，何以行政院衛生署要跳出來擔綱？對維護國人健康而言，動物內臟含有高膽固醇，國人十大死亡病因中，與進食過量動物內臟有關者有半數，衛生署卻未予阻擋，難怪引起這麼大的風波。

動腦時間：針對美牛進口，如何回應美國在台協會的說法？

若你是參與美牛談判的官員，你認為美國在台協會如下的說明，能贏得國際及社會的信服嗎？它存在著哪些背離經濟和倫理原則的思維？你又該如何逐一回應呢？

問：為何美國不能把不含萊克多巴胺的牛肉運往台灣？

答：萊克多巴胺經認定為安全且獲准使用在牛隻身上，美國的牛肉供應一般來說就沒有加以區分。不含萊克多巴胺的牛肉來源僅限於少數幾家獲得有機認證的小型牧場和肉品廠，而有機牛肉只占美國牛肉總產量的三%。

問：如果美國可以將不含萊克多巴胺的牛肉運銷歐盟，為何台灣必須妥協？

答：有少數的美國出口商為符合歐盟的要求，建立了專門的運作模式。不過必須注意的是，這樣的做法執行起來不僅昂貴且繁瑣費力，耗費近十年才使銷往歐盟的數量達到二〇一一年銷往台灣的水準。而美國牛肉在歐盟國家的價格，比起沒有禁令的情況下要高出一五%到二〇%。

台灣進口的各種牛肉部位較歐盟少了許多，如果為供應不含萊克多巴胺的牛肉或有機牛肉給台灣，美國的出口商就被迫以較低的價格將其它剩餘的有機牛肉部位賣到非有機的市場，並轉而向台灣進口業者開出更高的價格來彌補這些損失。因此，對美國牛肉的進口設限，最終將迫使台灣消費者付出更高的代價來購買美國牛肉。

台灣不准美國含瘦肉精牛肉進口的決定缺乏科學證據，因此應交由消費者來決定，是否要以較高的價格購買有機牛肉。在台灣、日本、美國和其它許多地方的消費者，在購買其它食品時也都有相同的選擇機會，其中包括豬肉、雞肉、水果和蔬菜。牛肉也不該是例外。

問題三：談判「妥協點」的弔詭

談判的弔詭在於，談判的目標固然在追求雙贏或多贏的結局；但是，從上談判桌的那一刻開始，一直到談判結束前的任何時刻，談判者在心態和決策上都不能為雙贏或多贏而先行放軟求和，該爭而不爭，應談而不談。

談判的妥協點是什麼？每當談判陷入僵局，「妥協點」這個詞彙就會不經意地閃入你的腦海。不過，當你漫不經心地說出這個詞彙時，如果試著分析一下自己真正的想法，就會發現它的陷阱。

美國含瘦肉精牛肉輸台談判，台灣的談判主事者首先犯的就是這個錯誤。他沒有看清楚美國政府在這個議題中所製造的迷霧，就輕易做了妥協和讓步。

「妥協點」這個詞彙本身所意謂的妥協，也就是讓步的想像，又稱之為「隱喻」（Metaphor）。在談判中，如果被本來不列入考慮的隱喻影響而做出決定的話，就會做出對自己不利的判斷，如圖2-2。

此次牛肉談判，台灣在談判前就透露底牌，使得在這場棋局中先處劣勢。政府只鎖定瘦肉精，忽略更嚴重的狂牛症問題；認為讓步牛肉、排除豬肉開放，能夠取得美國政府在台灣進入TPP等的承諾。

談判賽局一般都是在有心者或強權者設定的迷霧裡進行。它或許不像克勞塞維茲所說的戰爭迷霧那麼誇張，但我們對談判賽局的認識卻經常是霧裡看花。

當我們聽到「妥協點」這個詞彙時，腦中很容易想到的就是降低自己的目標，也就是讓步。這樣的危險在於從談判一開始就在找尋妥協點，自己就已打定主意「今天就算讓步也無所謂」，或是自陷於「談判除了讓步以外沒有其它選項」的牢籠中。

操作和影響競爭對手的認知，是商業策略裡不可或缺的一環。認知在談判中也扮演非常重要的角色。只要能改變別人的認知，你就能改變賽局。改變認知是戰術的層面，就是參與者為了影響別人的認知而採取的行動。

美國已故總統杜魯門說：「如果說服不了別人，那就混淆他們。」美方在這次含瘦肉精牛肉輸台談判中，要的正是製造迷霧的同樣伎倆，可惜，台方談判者沒能看破或者不敢予以說破。

此次美國牛肉議定書事件依議定書標題所示，旨在釐定「牛海綿狀腦病相關措施」。依此議定書，國內主管機關應為動物傳染病防治主管機關行政院農業委員會，而非行政院衛生署。

農委會主管疫區公告，疫區牛肉及牛肉製品之輸出入規範，查驗產區出口牛肉之牧場及加工廠，負責與世界動物衛

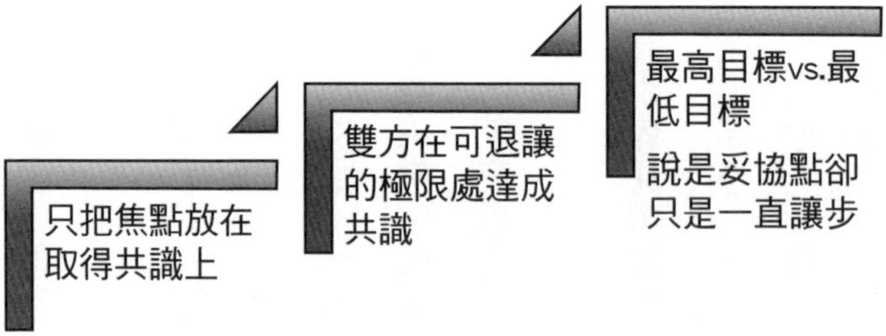
只把焦點放在取得共識上
雙方在可退讓的極限處達成共識
最高目標vs.最低目標
說是妥協點卻只是一直讓步

圖2-2　談判的「妥協點」

生組織（OIE）之聯繫並派駐代表，乃至與出口國協商等。

此次牛肉竟以單純「食品」看待，忽略其涉及「牛海綿狀腦病」有問題牛肉之進口，由衛生署出面，致衍生諸多防疫問題上的矛盾，又開創國際規範外獨樹一格之規範。何況，農產品種類何其繁多，有問題的牛肉產品實不必提升到等同條約之「議定書」層次來處理，惹出那麼大的風波，實在不值得。

對於打破談判的迷霧，美國管理學者布藍登伯格（Adam Brandenburger）和奈勒波夫（Barry Nalebuff）在《競合策略》（*Co-opetition*）中提出了塑造輿論的策略。以日本的國力，於TPP談判中爭取到「立即減半」、「第十年起零關稅」，以及「維持差額關稅制度」的調適措施，就是善用輿論的民眾走上街頭的抗議壓力。台灣的談判籌碼雖然不如日本，但堅持在瘦肉精開放議題展開拉鋸，換取豬肉關稅等其它農業部門項目更多的談判籌碼，是該有的策略。特別是，台灣的政府、國會和民間對於美國瘦肉精牛肉輸入，尤其是內臟有非常高的反對聲浪。

台灣對美談判的經常性缺失，就是習慣使用「妥協點」的思維和心態，雖然這樣能夠馬上達到共識，但卻會陷入一個令人失望的情境。就算自己覺得已經順利達成共識了，日後也會落入「完全得不到利益的情況」，也就是雖然有業績，但是卻賺不到利潤的狀況。

若想要避免這種情況發生，建議不僅要進行重視使命的談判，也要擺脫就算我方讓步也要達成一致結論的「錯誤共識偏差」（False Consensus Bias）。此次美牛輸台談判，美方不認為他們獲得光榮的成就，台方則落得灰頭土臉，堪稱雙輸，談判雙方都不懂得善用心理學是很大原因。

懂得認知心理和行為經濟是當代傑出的談判者必備的知識。

實驗心理學者羅斯和葛林尼（Ross L. & Greene D.）如此定義錯誤共識偏差：人們傾向把自己的思維方式投射予他人，假設所有人以同一方式思考。統計顯示，這種推測的相互關係並不成立，因此達成共識可能只是錯覺。這種邏輯謬誤的來源，是團體或個體高估大眾與他們看法、信仰和嗜好的相似度。

這種偏差會出現在部分的人認為他們之間的共識能應用在整體思維上時，由於小組成員之間通常在沒有爭議的情況下達成共識，較容易相信所有人的想法都相同。如果證據顯示整體沒有達成共識，人們便會認為意見不合者的想法有問題。這種認知偏差不是由單一原因構成，其中原因可能包括「可得性捷思」（availability heuristic）和「自利性偏差」（self-serving bias），現象背後可能還有其它自我保護機制（protective mechanisms）。

談判致命錯誤二：事前準備無用論

事前準備就是通往成功的捷徑。有人說成功來自於八〇%的事前準備，幾乎可以說準備工作是談判學唯一的準則。

國際知名的談判學者李維奇、桑德斯和巴瑞，從宏觀的角度提出「談判最佳實務的十項要素」，分別是：

一、準備就緒。

二、判斷談判的基本結構。

三、執行備案。

四、願意離開談判桌。
五、掌握矛盾情勢。
六、記住無形因素。
七、積極管理結盟關係。
八、享受及保護名稱。
九、記住公平和合理的相關性。
十、不斷由經驗中學習。

瘦肉精議題是其它食安標準及農產品關稅的重要防線。棄守瘦肉精防線，影響的不只是瘦肉精殘留標準以及養豬產業，更削弱台灣整體經貿的談判籌碼。

首先，從二〇〇九年簽署台美牛肉議定書，開放內臟以外美牛進口，到二〇一二年開放含瘦肉精美牛，至瘦肉精美豬開放議題的路徑，可知美國要求豬肉制定萊克多巴胺殘留標準，著眼的不僅是台灣豬肉市場，而是要求台灣各項食安標準須符合美國利益，是美國逐步降低各國非關稅貿易障礙的整體戰略的一環。突破台灣瘦肉精防線，就可以往下一個非關稅貿易障礙議題前進。

此次美牛輸台談判在事前準備中出現的重大缺失，首先是外行領導內行。美牛的專業單位為衛福部和農委會，他們才懂得國際相關規範、管制技術和專業經驗，國安會卻上第一線來主導，外交單位也來搶功，於是造成非故意的「內鬥內行、外鬥外行」，亂成一團，又太急於求成，才會有該守的沒守、應爭的沒爭的情形。

其次，近年食品標示議題屢屢成為國際貿易爭端的焦點，新政府預計以加強標示來因應開放美豬後的食安風險及做出市場區隔，此策略也可能會受到主要豬肉出口國的挑戰。台方「牛豬分離」的主觀願望必須有客觀的事實來支持，此一準備要召集相當比例的產官學界，也要蒐集相當程度的國際資料，但看來也沒做足苦功。

衛福部掌管食品安全和萊克多巴胺風險評估，農委會負責動物，衛福部負責人。衛福部長林奏延說：「如果我們來做，我會找國內外專家一起加入風險評估的工作，而且報告內容會包含藥物動力學、敏感族群（食用萊克多巴胺豬肉的影響）和風險溝通等面向。」台方談判團隊討論到開放美牛的問題，事先早就應該召集經濟部、外交部、衛福部和農委會重新啟動風險評估，但顯然這點也缺乏事前的準備。

進行談判的事前準備包括了五項要素，依序是掌握狀況、共享使命、找出自己的強項、設定目標，以及共享未達共識時的替代方案。為了提高談判現場的彈性，事前準備實為不可或缺的重點。

談判致命錯誤三：誤把Win-Win當成談判唯一目標

談判是有捨有得，有進有讓。但該守而未守，該談而未談，便是談判的嚴重失誤。

當今談判學的泰斗哈佛教授費雪是普及談判學的創始者，他的作品《哈佛這樣教談判力》（*Getting to Yes*）至今仍是暢銷書。然而，他的談判學風格也受到其它學者的批評，其中最受批判的就是「談判學根本就是紙上談兵」、「根本不可能有Win-Win，也就是對對方和自己而言都有利的共識」。

確實，分析從古至今各種談判案例，找不到雙方都能夠百分之百滿意的談判結果。大部分的共識都是妥協或讓步的產物，也不可能完全消除彼此的不滿。不過，努力達到費雪主張的「明智的共識」，也就是盡可能努力反映彼此正當的期望，而非追求各自百分之百滿足的Win-Win，這樣的談判與單純討價還價的談判有著很明顯的差別。

假如你不能估算它，你就不可能管理它。「談判」二字包含兩個層面的含義：一是「談」，即相互交換意見與彼此談論；二是「判」，即辨別是非曲直、判定最終結果。

談判對於相互擁有的資源、籌碼，及其可能衍生的影響和結果，事先當然必須經過詳細、周全的估算。針對此次美牛輸台，談判團隊事先必須做的準備工作是對於談判優劣情勢、可能立場和相關事件的評估分析，例如在立場上可以這樣分析：

一、美國的立場：美國過去幾年的狂牛病，使美國在出口牛肉的產值從二〇〇三年三月的三八．五六億美元，暴跌至二〇〇四年八月的八．〇九億美元。美國為了促使美國牛肉提高出口量，替牛肉找出路，憑藉其政經勢力，向台、日、韓等國施壓。台灣是美國第五大牛肉進口國，自然成了用力叩關的對象。二〇〇六年，台灣開放了美國無骨牛肉進口，門戶洞開，不僅開放美國帶骨牛肉，舉凡牛腦、牛眼、牛脊柱到內臟，以及包括牛顏面肉、脊柱邊肉所混合而成的牛絞肉，幾乎等於整隻牛都可以進口至台灣。

二、台灣的立場：如果美國牛絞肉、牛內臟都能進口，未來美國的基因改造食物、劣質食品也依循同樣的模式進口，台灣將成為美國垃圾食物的進口國，消費者有何保障？當時的消基會祕書長吳家誠強調，即便是小國在跟大國談判時，也應強化自己的籌碼，不宜自己先亮底牌，自我弱化。在此次台美牛肉談判中，政府事前未與人民達成共識，就先與美國私下談好條件，違反了主權在民的精神。國安會前委員張榮豐提醒：「國會與民意，就是政府談判最重要的資產與黑臉。」

三、國會的立場：國會可以立法禁止美國的牛內臟輸入台灣，做為談判的底限，也可善用人民意志，提高談判的籌碼。

接下來，可以針對由立場衍生而來的談判策略，做出這樣的分析：

美國的談判策略

一、掌握自身籌碼：台灣積極想與美國簽訂ＴＩＦＡ，讓美國掌握了美國牛肉進入台灣的籌碼。美國堅持自己的立場，採用無可商量的政策，使台灣開放美國牛肉進入。

二、試探底牌：美國利用TIFA等策略，試探台灣是否有意圖地想放寬美牛進口。

三、探密：美國派遣人員來台灣，試圖要從中取得台灣對於美牛案件有什麼看法。

四、時間壓力：由於美國總統大選，歐巴馬總統將再次參選，亟須收買農牧業者的心，所以在時間的壓力下，要盡快解決美牛瘦肉精等問題。

五、威脅、扮演披著羊皮的狼：美國

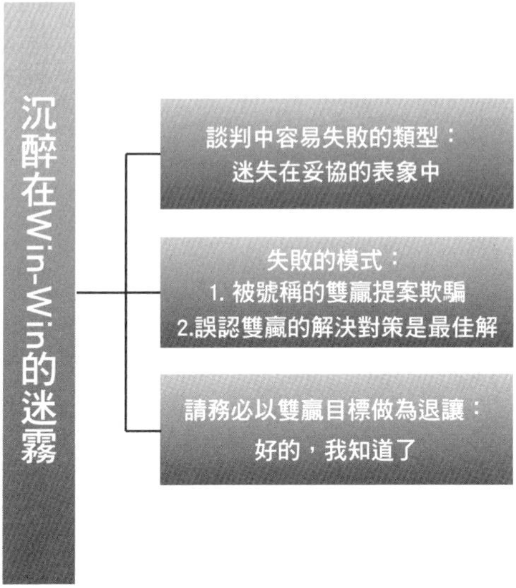
沉醉在Win-Win的迷霧
談判中容易失敗的類型：
迷失在妥協的表象中
失敗的模式：
1. 被號稱的雙贏提案欺騙
2.誤認雙贏的解決對策是最佳解
請務必以雙贏目標做為退讓：
好的，我知道了

圖2-3　雙贏不是最佳解

利用武器軍售、經濟綁定美國牛肉來與台灣談判。

台灣的談判策略

一、用「彈性」回應「無可商量」：美國利用開放美牛來台，讓台灣無可商量，如果台灣不容許美牛來台，就無法簽署TIFA。台灣在專業的基礎上，提出「安全容許、牛豬分離、強制標示、排除內臟」的十六字政策方向，對飼料添加萊克多巴胺的牛肉「有條件解禁」。

二、打破僵局：由於事涉國民健康，利用第三人與民眾進行說明。

三、緩衝：由於政府在經濟的考量下，積極地想與美國簽訂TIFA，固然有時間壓力，但不宜倉促行事。

四、讓步：台灣妥協美國的武器軍售、經濟協議、美國簽證等壓力，讓步美國牛肉來台，但應獲相對承諾。

談判學所提倡的方法，就是盡量提高共識品質的思考方式，應該具體評估自己的利益被反映出來的程度，而不是在雙方是否雙贏的模糊詞彙中打轉。

談判學主張的並非陷入急就章的討價還價或讓步，而是試著找尋雙方都更滿意的共識，由此衍生出必要的做法。談判學也不是幻想著雙方臉上總是充滿著笑容，而是尊重彼此，然後為了完美的共識不斷提出建設性的方案，最後達到一個理想的共識。

然而，「不可能有雙贏談判」，這種批判本身也可以說陷入某種謬誤。意圖擴大解釋對方的說法，或是只擷取某部分的說法，並且將此部分說法視為全部而進行批判，這樣的爭論方式稱為「稻草人謬誤」（Straw Man Fallacy）。台灣談判者在美牛風暴中陷入這樣的謬誤，而忘記了要回歸到談判的本質及價值，是非常可惜的失策。

「雙贏的共識」會是強權的一方掩飾自身貪婪做法的美麗謊言，弱勢的一方則要特別警惕，時時聽其言、觀其行，才不致徒然受騙，賠了夫人又折兵。再怎麼說，商業談判最重要的任務就是自己的利益，只是當談判對象也這麼想時，那該怎麼辦呢？

如果雙方只是一味堅持自己的立場，比賽誰強誰弱的話，想法就會只限於：要奮戰到底直到對方放棄？還是我方要做些讓步？這樣談判就會逐漸陷入僵局。假如能夠透過其它方法創造反映雙方利益的共識，不就應該選擇這個共識嗎？有了反映雙方利益的共識，也必須盡量設法提高自身的利益。若想達到這樣的目的，必須具備某些策略或心理戰術，這是談判學的基本思考方式。

實用工具

技巧性讓步的方程式

讓步有三個面向：幅度、次數、速度。幅度當然是遞減，次數應該要少，速度的原則上應該要慢。

談判時，沒有人想成為輸家！但是，要成為贏家，而且贏得漂亮，關鍵不在於氣勢凌人，反而在於適時讓步。堅持己見並不會帶來好結果，透過技巧性的退讓來換取對方讓步，就能成為談判桌上勝利的一方。

日本外國法事務律師大橋弘昌在《絕對不會輸的交涉術》中，建議在談判中讓步的四個要項是：

一、預留讓步空間：談判的基本模式就是「用讓步來換取對手的讓步」，因此在談判過程中，最好能事先預留讓步的空間。以議價來說，死守價格不妥協的人，交涉是不會成功的。想要談到好價錢又不吃虧，技巧就是先開出「連自己都覺得離譜的價格」。如果打算以六十萬元賣出，就要從八十萬元開始；反之，在協商買入的價格時，則要以「低於自己可負擔的價錢」先出價，這樣即使讓步，自己並不會虧損，對方也會感到你願意退讓的誠意，進而達成協議。

二、讓步幅度要越來越小：讓步雖然是談判的關鍵技巧之一，但是也不可毫無原則地退讓下去，這樣只會讓對手予取予求。所以，讓步的幅度要由大而小，開始時的讓步空間最大，之後就要越來越小。當對手看到你讓步的幅度逐漸縮小時，心裡會猜測「這或許是最後底限了」，只得認真考慮你開出的條件；但如果幅度變大，對方就會認為你可能還可以做出更大的讓步，不會輕易妥協。

三、設定不可動搖的讓步底限：許多人經常沒設好底限就上談判桌，結果受到時間、情緒的影響，漸漸就萌生「怎樣都好，趕快解決就好」的想法，因而做出超乎底限的讓步。為了避免事後懊悔，談判過程中務必要堅守當初訂下的底限。

四、給對方贏的感覺：技巧性的讓步會給對方「贏了」的感覺，而這種「你贏了」的氣氛，將使得談判進行得更順利。更理想的狀況是，如果雙方都能有所讓步，則可獲致「雙贏交涉」的結果。

第三章 談判的系統

◆核心摘要◆

動態複雜（dynamic complexities）是今日世界的新常態，它跟我們時時共舞。處理複雜問題的能力是當今政府、企業和社會的決策者必備的資質。

談判世界的真實情境好像我們的身體，做為一個生命的有機體，它有各種以不同作用為目的的器官、神經、感官、心理和運動系統，但又彼此相連、相互作用。

談判的智慧在於，明辨系統結構中人事時地物的本源和關係，洞悉上下的因果，洞察表裡的真相，掌握系統的結構和特性，進而了解時間、空間和人性心態模式的動態演變。

談判其實需要不一樣的思維，一般主張的合理、權力、雙贏等概念其實都不太管用，反倒是注意情緒、關係、明確目標、漸進、因地制宜等技巧比較有效。

——史都華．戴蒙（Stuart Diamond），華頓商學院談判學教授

二〇〇九年十月二十二日，台灣駐美國代表袁健生與美國在台協會執行理事施藍旗，於華府簽署《進口供人食用美國牛肉及牛肉製品關於牛海綿狀腦病相關措施議定書》，規定三十月齡以下帶骨牛肉、絞肉、加工肉品，去除特殊危險物質、中樞神經系統、機械取下的肉屑可輸台。由於事先未經溝通，國人對狂牛症的風險評估未明，造成消費者疑慮，朝野政黨立委及地方政府也公開反對。

以系統角度分析爭議焦點：以美牛談判為例

系統思考是以整體與動態的角度去思考問題，以在複雜的動態系統中，有智慧地「化

繁為簡」。談判的目的是在對立中解決爭議問題，而複雜度高的爭議，常常牽涉到系統性的問題。

如上所述，與美牛進口相關的狂牛症與瘦肉精等關鍵議題，就系統思考而言，在談判中必須先行釐清相關的事件要素，對於要素彼此之間相互的影響和正面的衝擊也需要充分掌握。此次事件爭議焦點有三：

狂牛症與瘦肉精本身的風險

狂牛症屬「牛的海綿樣腦病變」，為新變形庫賈氏症（Creutzfeldt-Jacob Disease，CJD），患者會出現精神方面的症狀，憂鬱、幻覺、不自主肢體動作、痴呆、智力衰退，多數發病者一年內會死亡。

狂牛症潛伏期長，一般要兩年後才會發病，不同部位的牛肉感染風險不同，風險最高者，為混雜牛神經的絞肉，其次為內臟、帶骨牛肉、不帶骨牛肉。

瘦肉精（乙類受體素，β-agonist）則為畜牧業者在禽畜屠宰前約一個月加入飼料中，可以增加一〇%的瘦肉，使價格提高。瘦肉精的作用，會發生在心血管，造成心跳過速、肌肉顫抖，頭暈、頭疼、噁心、嘔吐等症狀，對於本有嚴重心血管疾病者可能產生猝死的現象。

藉著美牛議定書，希望恢復ＴＩＦＡ會談

二〇〇六年十月，衛生署將萊克多巴胺列為禁藥，規定不得檢出。到了二〇〇七年八月，預計將解禁，制定10 ppb的容許量，並向ＷＴＯ提出預告，這引發八月二十二日的豬農抗議，政府暫停開放，美方於是停止貿易暨投資架構協定（ＴＩＦＡ）會談。

二〇〇九年十月，台美簽署美牛輸台議定書，除了具特定危險物質的扁桃腺、迴腸末端外，三十個月以下小牛之帶骨牛肉、絞肉、內臟、牛尾等肉品皆可進口，台灣政府希望藉此重新恢復與美方的ＴＩＦＡ會談。

不過，這引起了社會對美牛的關注，開始產生要求重啟談判的行動，二〇一〇年一月五日，立法院三讀通過《食品衛生管理法》修法，限制十年內有狂牛症疫情國家，牛的頭骨、腦、眼睛、脊髓、絞肉、內臟六個高風險部位不得進口。

《食品衛生管理法》修法，引發美國指責

二〇一一年初，美牛再因含瘦肉精遭下架，導致TIFA停開。二〇一二年一月，美牛爭議又因政府打算對瘦肉精解禁而再起；三月十六日，行政院提出「安全容許、牛豬分離、強制標示、排除內臟」十六字原則，此時，立法院在社會的壓力下，提出多個《食品衛生管理法》修法的版本。

面對爭議，行政院也提出《食品衛生管理法》修法的版本，授權衛生署訂定容許標準，同時強調「牛豬分離」等原則，規定十年內發生過狂牛症地區的牛隻，其頭骨、腦、眼、脊髓、絞肉及內臟等六大高風險部位，都不得進口台灣，院會也通過附帶決議，未滿三十月齡牛隻之牛肉及其相關產製品才可進口。

消基會表達推動公投重啟談判的立場。政府高層表示台美議定書仍然有效，沒有重啟談判的問題，美國貿易代表處和農業部發表措詞嚴厲的聯合聲明，指責台灣讓國內政治凌駕科學，損害台灣的誠信，也使得美方很難與台灣就拓展以及加強雙邊經貿關係達成協定。

美國國務院除表達失望之外，強調該項修法已經違反了雙方簽署「美國牛肉輸台議定書」的協議，不過對於和台灣人民進一步發展更廣的正面關係，美國仍然維持承諾。

實用工具

談判過程與衝突管理

談判也是一場纏鬥的遊戲，在政治和立場導向的權力遊戲中，強化理想，逼對方攤牌及一而再、再而三地煽動群眾情緒，都可以滋長談判的籌碼。在以小搏大的談判中尤其要能掌握這種衝突的動能。

管理心理學把談判分為四個階段：

一、**調查準備階段**。最重要的談判步驟之一，需要蒐集問題與方案的事實資訊、了解對方談判風格、動機、個性與目標，分析基本背景。

二、**方案表達階段**。提出最初要求、表達我方需求，這時，表達能力與溝通能力十分重要，跨文化差異在這一階段比較明顯。

三、討價還價階段。管理人員運用各種公關手段、溝通技能與談判策略，以便達成原則意見。

表 3-1　利益衝突的診斷模式

情境面向	很難解決	很容易解決
議題利害關係的大小——輸或贏的範疇	• 原則問題——價值觀、道德，或有前例可循的關鍵條件	• 議題可切割——可輕易被分割為較小單位的問題 • 影響較輕或無重大影響
雙方具有共生關係——某一方的結果影響到另一方結果的大小	• 零和遊戲	• 正面效果的加總——共同合作成果大於分配現有成果
連續的互動——未來還有合作機會嗎？	• 單筆交易——過去沒關係，未來也不想繼續交往	• 長期關係——未來仍有互動交易機會
雙方關係的結構——團隊的凝聚力夠強嗎？	• 缺乏組織力——凝聚力和領導力不足	• 擁有組織力——凝聚力和領導力強
第三者涉入——外人是否可參與解決問題？	• 沒有中立的第三者	• 擁有受信任、有影響力和威望的第三者
對衝突進度的認知——平衡或失衡	• 失衡——某一方覺得損失較大而心生報復，另一方卻想維持控制權	• 平衡——雙方皆願承受獲利和損失，並認為此為沒有輸贏局面

資料來源：Greenhalgh, “Managing Conflict”, *Sloan Management Review, 1986.*

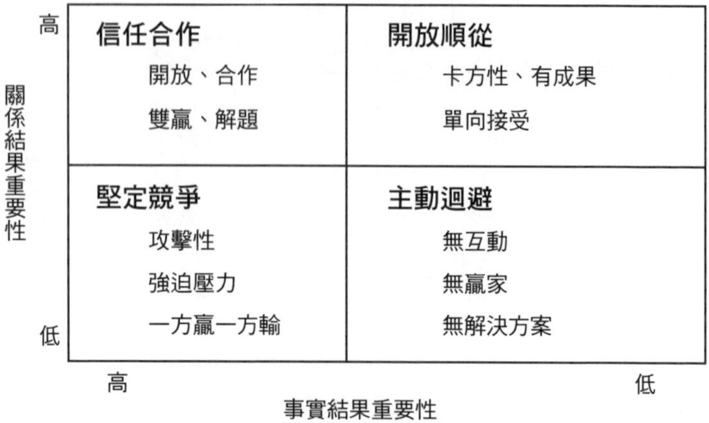

圖 3-1　四種衝突管理的談判策略

表 3-2　各種衝突管理策略與適用情況

衝突管理策略	適用的情況
競爭	1. 緊急情況、發生危機時 2. 推動重要政策 3. 保護自己
合作	1. 任務重要、執行時間長 2. 雙方關注的議題都太重要而無法妥協 3. 希望藉由納入對方的顧慮以取得對方的承諾 4. 希望採納不同的觀點 5. 目的在於學習 6. 改善關係
妥協	1. 雙方勢力旗鼓相當時 2. 有時間壓力時 3. 問題複雜時
逃避	1. 面對不重要、不緊急的情況 2. 因此產生的傷害大於得到的利益時 3. 降低緊張氣氛，讓雙方保持冷靜時 4. 身處無法改變的環境時
讓步	1. 發現自己判斷錯誤時 2. 議題對對方的影響較大時 3. 建立良好關係 4. 對方處於優勢，且持續競爭對自己的傷害超過對方時 5. 當自己不知道如何處理時 6. 給予部屬空間從錯誤中學習

資料來源：Greenhalgh, “Managing Conflict”, *Sloan Management Review, 1986.*

四、達成一致階段。談判的尾聲，透過討論，達成一致意見或協定。

上述的談判過程最主要的目的是，洞察彼此衝突的源頭和潛藏的主要原因，如表3-1利益衝突的診斷模式是非常好的工具。

管理心理學並將衝突管理的談判策略劃分成四大類，如圖3-1，分別屬於不同的關係結果與事實結果。

他山之石

韓國發動全民爭取翻案，重啟牛肉談判

二〇〇八年，韓國總統李明博為與美國進行自由貿易協定（FTA）談判，接受美國的要求，於四月十九日宣布恢復美國牛肉進口。十天後，韓國最大電視台MBC的時事節目指稱，韓國人染狂牛病的機率為英美人的兩、三倍。透過手機與網路傳播，一時間各式抗議活動鋪天蓋地而來。

五月二日，有一萬多人在首爾舉行燭光示威，各社團及宗教組織也都夜夜集會。儘

管韓國政府再三強調美國牛肉是安全的，李明博也在電視上向國民道歉，強調FTA對韓國經濟的重要性，但韓國人民並不接受。一百多萬人上網連署，要求彈劾李明博，國會也停擺。

六月十日，累積的民怨終於一發不可收拾，有上百萬韓國人齊聚總統府前，高唱《大韓民國憲法第一條》，怒吼李明博下台。這是一九八七年來韓國為總統直選而爆發民主抗爭後，再次有百萬人上街頭，李明博緊急由內閣總辭負責。

三天後，韓美談判代表在華盛頓磋商，接著進行補充談判。美方為了挽救岌岌可危的李明博政權，做出了讓步，包括：禁止出口三十個月齡以上的牛肉到韓國，三十個月齡以下的牛肉，也要去除牛腦、牛脊髓等內臟，韓方並有權檢驗美國牛肉屠宰加工的過程。即使如此，韓國人仍繼續激烈抗爭，要求重啟談判，而非補充談判。他們阻止牛肉出庫、罷工，鎮暴警察並以高壓水槍驅趕示威者。

美牛進口固然攸關TIFA談判，韓國與日本分別與美國談判FTA及TPP時，同樣面臨美牛進口的問題。但是，日韓兩國是政府挾民間反對聲浪，拉高談判籌碼，保護了國民健康，也保障了其畜牧業，更獲取了較高的貿易談判利益。

台灣的國際及經貿處境皆相當艱難，面對美、中兩強主導區域經濟整合，比起正常國家是更顯弱勢。我們的政府在面對險峻的經貿情勢時，不應只在Win-Win的迷霧中輕言退讓，堅守應有的價值及尊嚴防線，才是談判的正軌。

當科學議題變成政治議題

歷經三聚氰胺、塑化劑等等食安事件，敏感的萊克多巴胺議題，當然很容易引發批評。「食品的議題太好操弄，經常被拿來當政治操作。」亞洲大學講座教授楊志良，這位前衛生署長這樣批評。

從科學領域來看，瘦肉精美豬的進口可以說是一個很單純的「科學議題」，也就是透過風險評估、找出敏感族群、制定一個能真實反映台灣飲食習慣的標準值，看看這個數值是否超過國際標準值，最後再由政府評估決策開放與否。

不過，談判者要知道，真實社會不可能這麼單純，在政府跟政黨的互相拉鋸之間，要如何更讓民眾看清實情呢？因此，讓談判對手知道彼此的壓力，是談判的重要功課。

人會因利益而改變立場，卻不願意因堅持立場而犧牲自己的利益。由於立場之間根本沒有交集，因此在立場上的談判或辯駁常是無解的。立場是談判者所提出的要求，利益是其所提出要求的原因。唯有捨棄立場之爭，並秉持理性態度與感性因素兼具的原則，由利益的觀點來獲取共識，才是談判成功的基本守則。

本次牛肉輸台談判屬於「立場導向」（position-taking approach）的談判模式，對於策略的選擇應改為以「解決問題導向」（problem-solving approach）談判模式。表面上看來，台灣因急於想經由美國協助早日進入TPP等國際經貿組織，地位上明顯居於劣勢，即使如此，談判者仍應強烈訴說保護人民生命安全健康之立場，謀求不滿意但可以接受的妥協，而非片面地退讓。此次談判中，依據國際相關規範可以據理力爭的議題，包括：

一、錢可以買到一切談判嗎？

哈佛大學教授桑德爾在《錢買不到的東西》（*What Money Can't Buy*）指出，人的倫理決策是一連串金錢與正義的攻防。談判在很多的情況下也有類似的折衝和選擇，以此次事件為例：

●將狂牛症疫區的垃圾銷往台灣，不符正義

美國養牛方式以圈養為主，餵食飼料，牛較少走動，肉質較澳大利亞及紐西蘭牧場放牧者鮮嫩，頗受消費者歡迎，且進口平均報價，約比澳大利亞牛肉每公斤多一美元，美國系統之好市多量販店，本土之大潤發，乃至各大飯店、餐廳，多供應美國牛肉。

二〇〇九年美國牛肉在台灣市場占有率為二九．七％，並呈成長趨勢。此次美國牛肉引起的風波，多少已刺激消費者認為是毒牛肉而拒吃，已損及美國牛肉較為優質的形象。

●拿健康換經濟是否值得？

該次解禁的六項牛雜都是靠近腦部、脊髓的軟組織，且屠宰時切割腦部，高雄長庚醫院名譽副院長陳順勝指出，切割頭骨過程中，難保變異普利昂蛋白不會噴濺沾染到這些軟組織，絕非沒有風險，政府一味蠻幹相當令人絕望。

林口長庚醫院臨床毒物科主任顏宗海說，普利昂變異蛋白易藏在軟組織內，不光是未開放的牛脊髓而已，牛隻骨頭裡的骨髓也有可能，政府不應讓民眾冒險。消基會董事張智剛批評，有百分之一的風險就不該解禁，政府不該拿國民健康換取經濟利益。

二、理性估算是必要的嗎？

理性估算雖然是談判要件，但不要忘記，最能感動人的是感性。理性只能避免失敗，感性才能造就成功。談判重要的是「情感」和「觀感」，我們需要多留意對方，多關心他腦中的想法。「換位思考」的魔力就是如此。

換位思考就是角色互換，由談判者扮演對方，請另一人來扮演你，模擬談判。不久後你可能會發現，原本你堅持不讓的議題變得不敢置信：「我根本不可能答應這種事！」那麼實際談判的對方也不可能答應。

哈佛商學院教授惠勒在《交涉的藝術》（*The Art of Negotiation*）中指出，談判中最重要的七個如何是：

一、如何把不確定的談判轉變成自己的優勢。

二、如何平衡與協調思維和情感，以應對變動的談判環境。

三、如何制定談判目標、平衡交易。

四、在談判受阻的情況下，如何制定出替代方案。
五、如何抓住微弱的機會達成協議。
六、如何在協議中，極大化你的利益。
七、在談判中，如何降低衝突的成本。

這七個如何中，思維和情感是談判過程中最重要的軟體和載體。因為有細緻的思維和情感，所以才能洞悉、體察微弱的訊息，進而抓住降低衝突、扭轉乾坤的機會。

美牛議定書的簽訂未慎於始，動物傳染病主管機關未獲派擔綱，風險評估未明。《動物傳染病防治條例》禁止狂牛症疫區之牛骨粉、肉粉、血粉、飼料用動物油脂、油渣輸入，人吃的帶骨牛肉及內臟、絞肉等卻又可以，造成家畜不能吃，但人可以吃之情形已產生矛盾。

台灣採韓國模式，允許三十月齡以下牛肉及牛肉製品可進口，但議定書中承諾腦、眼、頭顱、絞肉或脊髓可進口部分，已與國內法衝突。政府如要堅持原立場，勢必引發更大爭議，造成民怨。談判的整個過程中，相關主事者都沒有發現此一主要缺失，無疑是一大缺憾。

此次美牛輸台在議定書簽訂後送立法院審議過程中，產生許多談判之前就應理性估算卻草率以對的議論，加上對於一些實務上的可行性也無充分考量。這些如果在談判之中能夠理性分析、感性陳述，成果就不至於那麼一面倒。

事實上，依WTO規定，仍有談判空間。以WTO及TPP規定而言，科學原則固然是必要依據，但國際SPS協定普遍設有「預防原則」的例外，各國還是可以基於風險控管，在科學證據不充分的情況下，採取暫時性的管制措施。WTO的SPS協定五之七條即訂有預防原則的適用，TPP本文亦適用同一條文。

台灣要求豬肉萊克多巴胺零檢出的措施，應有符合前述暫時性措施規定的空間。雖然豬肉零檢出跟牛肉容許殘留的不一致，可能導致違反「不歧視原則」，但國人年均豬肉攝取量遠高於牛肉，健康風險應有不同，若有適當科學證據佐證，應也可避免違反「不歧視原則」。

關鍵還是台灣在瘦肉精議題上，能拿出多少本土的科學研究，捍衛現有的管制措施。政府應該加以說明，最刻不容緩的是參照歐盟食品安全局等經驗，盡快成立國家級獨立食安研究機構，發展本土食品安全風險研究，以提供經貿談判上的子彈，並且完善我國食安風險管理機制。

三、認知是吹散談判迷霧的妙方嗎？

認知決定了賽局的一切進展，甚至結果。而許多的賽局結果則是由大眾媒體和社會輿論所決定。認知心理學已經明確告知，認知確實不等於事實，不論我們的認知是否為真，我們的所作所為都會受到認知所主導。談判者應牢記在心。

政府如果是基於國家安全或政治理由，因為執政者無力抵擋美國貿易與外交壓力，必須擴大開放瘦肉精美牛進口，那就必須對國人誠實，要先對國人道歉，說清楚真正的理由。然後，社會才能一起討論，如何將開放後的風險與負面影響降到最低，尤其絕對要降低對心血管疾病民眾的健康威脅，例如就是要標示清楚肉品含有瘦肉精、含量多少，讓人民對維護健康擁有基本的「知的權利」。

科學數據顯示，在萊克多巴胺以動物用藥上市前，其實經過了一連串完整的毒理試驗。台大醫學院毒理研究所教授康照洲說：「萊克多巴胺幾乎所有（該做的）毒性（測驗）

都做完了。」依據WHO食品添加物的資料顯示，萊克多巴胺曾做過口服單一劑量毒性試驗、體外與活體的基因毒性試驗、多種實驗動物物種，每日連續口服最長一年的重複劑量毒性試驗、二世代生殖毒性試驗、致癌性研究試驗、心血管反應的特殊毒理試驗等。

這麼多的毒理試驗，其實是為了找出「無不良反應劑量」（No Observed Effect Level，NOEL），也就是對試驗動物不會產生任何不良反應的最大劑量。加上安全係數的調整，推算出人類的每日容許攝取量（Acceptable Daily Intake，ADI）。

依據世界衛生組織關於食品添加物的研究資料顯示，人體攝入萊克多巴胺後，在血漿中的平均半衰期為三．九四小時，口服六小時後，就有約七二％的萊克多巴胺由尿液中排泄，代謝物主要為硫酸或葡萄糖醛酸鍵結的萊克多巴胺。國家衛生研究院研究員林嬪嬪說，雖然目前沒有研究直接證明，殘留於生物體內的鍵結萊克多巴胺是否具活性，但「風險值都是以最大風險的狀態估算，無論是硫酸或葡萄糖醛酸鍵結都會將具有活性的狀態計算在內」。諸如此類的研究結果，都應該透過溝通傳遞到大眾的認知之中。

充分反思後，用動態系統思考綜觀全局

如何宏觀地看待談判的整體棋局呢？談判的目的是在對立中解決爭議問題，而「複雜性」的爭議常常牽涉「系統性的問題」。系統動態包括五個要素：平衡、因反饋作用而產生的振盪、穩定的成長或衰退、不穩定狀態和巨變，分別說明如下：

一、**平衡**：一個系統，在內部各部門之間，及其跟外界之間，都有各種能量、物質、資源和資訊等的相互輸送；其內部也會產生增長或耗損的現象，若是進項和產出相等，現狀便呈現當期的均衡，或一時的靜止不變，但這並不是靜態，而是一種動態的平衡。

二、**因反饋作用而產生振盪**：例如人民對財富的增減反應快，錢多就盡快消費，錢少就不消費，對外匯增減產生負反饋，影響外匯進出的相對增減；這種「負反饋作用」若太強，國家財富將陷於振盪狀態。

三、**穩定的成長或衰退**：規律及變動的相異點是，規律的特質為穩定、可預測，而變動則變化、不可預測。穩定的成長或衰退通常是可遇不可求。

四、不穩定狀態：輸出入流量相差太大，系統反應為快速增減。或是某一方面改變太快，其它部門無法適應調整，造成變形。

五、巨變：「負反饋效應」的作用造成向上或向下、向左或向右的修正，只要不調節過度或過猶不及，例如：股市高點時居安思危，出脫手中持股，在平衡點上的動態修正，若振盪幅度不大，不一定會影響系統的穩定。但若這系統產生了「正反饋效應」，例如：股市是因人為炒作而飆高，市井小民於是紛紛將積蓄大量投入，股市越炒越高，形成正反饋效應。飆漲之後，股價開始有下跌現象，人人又開始拋售，再一次形成「正反饋」的共振，越振越烈，形成巨變。

美國管理學者聖吉提出的動態系統思考，談到人的行為反應涉及五個層次，包括：對於事件的反射性反應、對於規律的適應性反應、對於系統的創造性反應、心智模型的省思性反應，以及價值觀和願景的開創性反應。

美國牛肉相關的狂牛症與瘦肉精的關鍵議題，就動態系統思考而言，是在談判中必須先予以釐清和判讀的事件要素，充分掌握要素彼此之間的相互影響和正面衝擊，它就會創造出其不意的影響和效果。就此次美牛談判而言，主事者應該善用第四和第五兩個層次，即對於心理和行為的反應。

心智模型的省思性反應

心智模型是我們在觀察事件後，心中默默建立起的一個思維和反應模型，用來模擬這個事件演變的相關系統，並且預測規律或不規律演變將導致的結果和影響。

當我們發現有一個事件或規律「意外」發生，表示我們原先的心智模型並沒有模擬到真實系統的某個運作方式，因此沒辦法預測這個事件的發生。

我們沒辦法完全模擬他人的心智模型，畢竟每個人的心智模型都不是真實世界的完美複製，一位談判者要經常思考他人的心智模型與你的有哪些差異。省思修正自己的思維模型，以更貼切地掌握對方的心智變動。

評析此次牛肉談判，台灣在與美國互相談判前就已透露底牌，使得在這場戰局中無法有兩全其美的結果。在這次美牛事件中，政府卻只鎖定瘦肉精，忽略更嚴重的狂牛症問題；認為能因為讓步牛肉而排除豬肉開放問題，就能取得美國政府讓台灣進入TPP等國際經貿組織的承諾，這種想法忽略了預設的前提其實存在許多陷阱。獲得正確的定論需要開放的思想，而最佳的方法，就是蒐集並清除一切未經驗證的定見，只留下以事實為根據、明智且負責任的主張。

價值觀和願景的開創性反應

面對談判中大大小小、正正反反的問題，一般人往往只會有「反射性」的反應，也就是批評、謾罵或生氣，卻忘了人世間最能感動人心的是事情的意義和人性的價值。高明的談判者心中，時時存在著這

表 3-3　動態系統在談判上的運用

	系統動態歷程	談判運用
1	系統前提：我們面對的組織和它的限制；我們期待它有何種程度的調整或改變？	• 洞察談判對手行事風格、價值理念和其組織特性及所負使命 • 推估最高／最低期待
2	期待結果？	• 推估可能期待，並予以數據化
3	回饋程度？	• 如何確知達到預期的談判效果
4	環境變動和影響？	• 確定環境中在談判之前必須考量的因素
5	相互關係？	• 必須考量因素的相互影響及關係
6	原因為何？如何解決？	• 談判針對的是原因或對策
7	冰山之下？ 確保成效的新程序和新結構	• 看清潛藏冰山之下的真正原因或更多問題
8	進場或觀望（Buy-in & stay-in）	• 確認適時買進或靜坐觀望
9	何事應該集中或分散？	• 確定何事集中或分散處理
10	根本原因或多項原因	• 造成衝突的源頭和箭頭
11	簡潔有效的對策（Keep it Simple and Stupid，KISS）	• 簡潔、機動、有效的因應對策
12	最終問題：哪些是共通的更高目標？	• 反思談判的價值和意義

資料來源：Stephen G. Haines, *Standard System Dynamics.*

個感性的藍圖。

動腦時間：動態系統對於競合談判的意義

一、動態系統思考中的心智模型是什麼？它對競合談判的意義？

二、動態系統思考中的價值觀和願景為何？它對競合談判的意義？

談判思維

孫子兵法裡的談判技巧

《孫子兵法》裡有多少智慧和技巧可以運用在談判上？〈謀攻篇〉說：「敵，則能戰之；少，則能逃之；不若，則能避之。」東吳大學政治系教授劉必榮說：「孫子非常講究實力，實力夠就要，實力不夠就先擱著，不強求。」

「正當性」、「時機」、「實力」是談判的三個正條件。敵或不敵，可從圖3-2的矩陣觀之。圖中這個面對衝突的五種態度，其實也是五種戰術。值得注意的是，它的縱座標與橫座標，縱座標是對「事」的關心，橫座標是對「人」的關心。

至於衝突的六組變數，先看縱座標。如果每一組變數，我們的情況都屬於上層，即「強力主張自己的權益」、「談判的權力強」、「事情的重要性高」，那麼毫無疑問地，我們會選擇「競爭」的策略。反之，如果我們的情況皆屬下層，即「不強力主張自己的權益」、「談判的權力弱」、「事情的重要性低」，自然會選擇「閃避」。

比較難決定的情況是，性格上「強力主張自己的權益」，事情又有一定程度的「重要性」，但偏偏「權力」很小，這種情況下，談判者通常還是會硬拚一回。

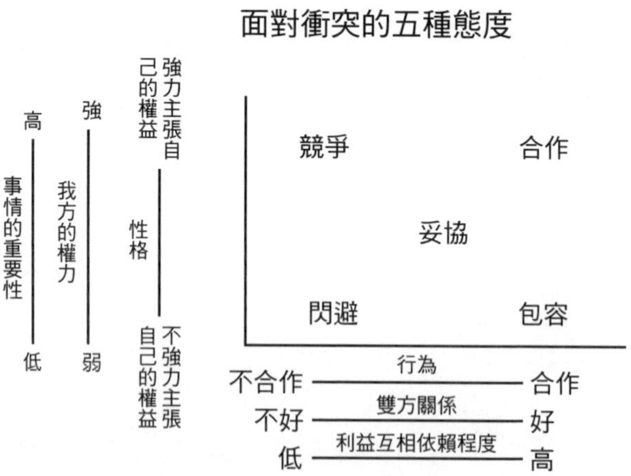

圖 3-2　面對衝突的五種態度

談判到底要不要拚命？

前面引用的那段孫子兵法，告訴我們「不要強求」，但孫子在〈九地篇〉中卻說：「死地，吾將示之以不活。」這句話又彷彿是要我們展現拚勁。劉必榮認為，孫子兵法講的「死地」，就是「情勢」，如果情勢不利，就拚看看是否能扭轉情勢；倘若並非情勢問題，而是實力不如人，就乾脆放棄。〈謀攻篇〉說：「小敵之堅，大敵之擒也。」明明比他人弱，還要逞英雄，反倒給對方擒拿我們的機會。暴虎馮河者，不可不慎。

造勢和用勢

審度完情勢，就該進行談判的準備。〈勢篇〉談到：「激水之疾至於漂石者，勢也，鷙鳥之疾至於毀折者，節也。」〈虛實篇〉也說：「故我欲戰，敵雖高壘深溝，不得不與我戰者，攻其所必救也。」這就是「用勢」加上「造勢」。有勢就用，無勢就造。不過造勢用勢時，一定要先行試探，進而把握分寸。

《孫子兵法》中的試探，強調「故策之而知得失之計，作之而知動靜之理，形之而知死生之地，角之而知有餘不足之處。」「策之」、「作之」、「形之」、「角之」就是試探。劉必榮強調，在談判的時候，開價跟讓步都是試探的一種。

至於談判是要採取合作或是對抗策略？有時候可以單刀直入直接詢問，「角之」其實就是「敢破」的戰術。談判有時必須「先破後立」，先引爆衝突看對方反應，再由第三者出面打圓場，提出折衷方案。一軟一硬之間，也可以得到很多原本看不見的資訊。

兵無常勢，出其不意

如果對方是一個理性的談判者，在準備談判的時候，一定會對我們的可能反應有許多預期；然後根據這個假設，去預想自己下一步的反應。可是，如果我們的反應跟他所想完全不同，他的預期反應全部落空，我們就可以取得談判的主導權，這就是〈虛實篇〉中所說的「出其所不趨，趨其所不意」。

「出其不意」是談判中的險招，但談判者不能完全排除它的可能性。〈虛實篇〉說：「兵無常勢，水無常形。」唯有以如履薄冰的戒慎，應對各種情勢的變化，才能在多變的棋局中，隨時掌握談判的最大利益。

第四章
談判的心理

◆**核心摘要**◆

變始計為心計，談判是一場複雜的棋局。

《孫子兵法》說，知之者勝，不知者不勝。故校之以計而索其情。人心在動靜、虛實、利害之間的變化，正是談判者必須洞察的兵法。

談判也是一場處在高風險和不確定情境中的人心博弈。賭博心理學、風險偏好心理學、行為經濟學和神經經濟學中有關不確定性決策的預期理論，皆為談判提供了嶄新的應用空間。

賭客在賭桌上並不僅僅是跟賭場對戰，同時是跟自己的情緒用心理作戰。談判者在談判桌上又是如何呢？

「客觀經驗」非但不客觀，其實充滿個人偏見。必須具備寬廣思考的能力，才能夠進行理性選擇。

——丹尼爾・康納曼（Daniel Kahneman），諾貝爾經濟學獎得主

二〇一四年三月，一個晴空萬里的日子裡，在澳門某金碧輝煌的國際大賭場，有位家財萬貫的企業鉅子，要求賭場按照他設定的規矩進行博弈。他的條件是：從拉斯維加斯派來荷官（職業發牌師）、專屬的牌桌和獨立的貴賓房。

這名企業鉅子當然是有備而來，早有盤算。這座澳門賭場也不是浪得虛名，迎客排場、吃喝玩樂，樣樣安排得鉅細靡遺，只要顧客說得出口，無不一一奉上。

這名企業鉅子是拉斯維加斯擁有私人飛機接送等級的亞洲大亨，指定專屬荷官和牌桌只是他眾多的盤算之一，他心中對這場等待已久的賭局，其實有更多自認百無一疏和洞悉人性的算計。

企業鉅子出發前還讀了《孫子兵法》的〈始計篇〉好幾遍。《孫子兵法》寫道：「夫

未戰而廟算勝者，得算多也，未戰而廟算不勝者，得算少也，多算勝，少算不勝，而況於無算乎？」他似乎心有所悟，沒打仗前得比較敵我優劣，若我優勢多，就可以得勝，少就難得勝，更何況沒有優勢呢？

企業鉅子開了一間證券投資公司，他深知在投資的路上要多算，因為唯有多去計算、多加研究，才能讓自己的勝率比別人高，因為投資的領域有人贏，就一定有人輸，所以你比別人多算一點雖不能保證贏，但起碼可以增加勝算，賺錢的機會也會高一點。

一夜澳幣二十億元的豪賭

這場賭局如果只是賭客和賭場的對弈，兩方對陣，那就單純多了。然而，這場對弈加了一個看似局外人又是圈內人的荷官，局面頓時就變得敏感和複雜起來，特別是人性的猜疑充滿著整個賭局，每一分秒時間和每一寸尺的空間都令人窒息。賭客的心理盤算，隨著荷官和賭桌中間的籌碼、棋牌、棋子的熙來攘往，深深沉沉，起起伏伏，三方的心理算計和主觀意願像極了圖4-1的棋盤。

人生猶如一場賭局，雖然人人都是過客，但如果只是旁邊觀戰，不敢下場一搏，未免枉來人世。

談判也是如此，雙方也罷，多方也罷，終須一搏。但在賭局中博弈，投機靠運氣，命運如風中之燭；投資靠智慧，知識和膽識兼備，理性和感性兼具，才能多有勝算。談判是一場棋局，並非賭局，在學習談判心理前，必須先有此番定見。

為什麼賭徒總是虧錢？

賭局的叫牌選擇，像在一場未知的風險中進行決策，牽涉的不只是單局的輸贏，而

圖 4-1　賭桌上的心理棋盤

是在過程中和人性貪婪、猜疑和利害衝突的對陣，以及在行進路徑中賭徒與贏家心態的對擂。

經濟學家薩繆爾森（Paul Samuelson）有一次問他的朋友，會不會接受一個擲銅板的賭局：「擲出正面贏兩百元，反面賠一百元。」朋友回答：「我不會去賭，因為我覺得輸一百元的感覺比贏兩百元來得強。」但是，他繼續說：「假如你答應讓我丟一百次銅板，我會應你的邀請來賭。」

社會心理學者帕斯特（Jacobs Past）曾對一百名賭客進行測試，發現賭了一六三七七次，獲勝次數為八二一八次，勝率為五〇．二%。勝率的確超過一半，但為何絕大部分賭徒還是虧錢呢？

心理學家理查．格里菲思（Richard Griffith）在一九四九年研究世界各地賽馬場，發現此一偏差現象出在人們權衡可能性的謬誤。人們考量機率時遇到最大的困難之一，就是如何使用機率，例如「下雨的機率是七〇%」，「一匹馬獲勝的機率是六〇%到八〇%」，這表示什麼意思？大多數人對風險感知的陷阱，就是對於機率範圍的微小變化過分敏感，以致見樹不見林，或者把簡單的問題複雜化，反而高估沒有希望獲勝的機會，讓自己困在混沌的迷霧中，或者希望渺茫的妄想裡。

該名企業鉅子曾混跡黑道，在生意場上打滾也靠過不少特殊關係，能有今天橫跨諸多產業的地位，當然有其細膩之處和過人膽識。不幸地，這次他所有的盤算都失策了。前半場賭局，他還贏得六千萬元，對他算是小菜一碟；入夜後下半場的前半場，卻倒輸六千萬；下後半場，越輸越大，越大越急，以喜怒不形於色著稱的他，也藏不住越賭越大的賭徒心態。

懸疑的倫斯斐矩陣

這場賭局因為企業鉅子指定了拉斯維加斯荷官，而使它的本質和立場從原來的賭客對澳門賭場，或者賭客對荷官的雙邊關係，一下子變成了敏感和多疑的多邊關係。特別是荷官非澳門出身，他的拉斯維加斯身分，更延伸了諸多也許不必要卻合理的聯想。

猜疑是人類最大的心病，也是世間紛亂的根源。二〇〇二年二月，美國出兵攻打伊拉克，國防部長倫斯斐（Donald Rumsfeld）被問到何以攻打時，說了一句驚世名言，而被世人稱之為倫斯斐的「未知之未知」矩陣。他說：「這世上有已知的已知、已知的未知，但也有未知的未知。」雖然聽來十分繞口，但這句話也對世事的多變與人類知識的局限性，做出了著名的總結。

倫斯斐上述貌似語焉不詳的話，曾讓他飽受美國脫口秀節目嘲諷，直至塔雷伯（Nassim N. Taleb）將「未知的未知」（unknown unknowns）以機率、不確定性進行詮釋，並寫成暢銷書《黑天鵝效應》（*The Black Swan*）後，世人方才恍然大悟。

「未知的未知」就是黑天鵝事件。人類雖善於排除對自身有害的威脅而進化，卻意外地總在黑天鵝事件中受到重創。關鍵就在於「未知的未知」發生的機率根本無法揣度，人們索性就把它們視為不存在，不然就是用發生機率可計算的「已知的未知」，去處理「未知的未知」。而且，

表4-1　倫斯斐矩陣

倫斯斐矩陣		我有相關的訊息嗎？	
		是	否
我是否意識到這一訊息是相關的？	是	已知的已知 Known knowns	已知的未知 Known Unknowns
	否	未知的已知 Unknown knowns	未知的未知 Unknown unknowns

正因為人們預期它不會發生，往往會讓事件惡化到難以收拾的地步。

尤其是在這個號稱可用大數據推估人類行為的資訊時代，許多社會科學家自信滿滿地認為他們所擁有的工具及技術，足以衡量及預知絕大多數的不確定性。

但這些專家並不知道自身的知識傲慢，早已遮住了他們的雙眼，本案中的賭客正是因為看不見「未知的未知」何在，也因對過去經驗太過自信，而大輸一場。

「倫斯斐矩陣」在談判中是個很好的工具。這名企業鉅子如果能夠在進入賭場之前就好好照表操課，甚或找些幹部來個假設性情境演練，應該會更清楚地知道如何盤算。

而如果你是在多角關係中談判的主角，從這場賭局中，你又可以學習和借鏡到哪些多邊談判的成敗關鍵呢？

想想《孫子兵法》的「多算者勝」，其實談判不也是如此？多算，並不只是要去「算計」別人的心態，還要算計自己的心態，能多想一點、多規劃一點，再加上一些理性和感性兼備的智慧，你就比別人多一分成功的機會。

經常誤入的決策陷阱

精確使用機率或概率本來就不是人之所長。看過《北京遇上西雅圖之不二情書》嗎？嗜賭的焦姣為了贏錢，找上北京大學數學系畢業的陸毅，想靠他非常好的頭腦精算，翻本過好生活。結果呢？還是一場空夢。其實，這不只是電影情節，賭場的現實是，人雖聰明但不擅精算，加上高度不確定情境下的不安情緒一攪和，十賭九輸就是常態。

自由經濟鼻祖亞當斯密（Adam Smith）說：「走出謎團，必須穿越模糊之谷。」現實的世界總是在你我知道和不知道之間，風險如期而至。前面所述的企業鉅子最終輸了近三億美元，主要是犯了諾貝爾經濟學獎得主康納曼（Daniel Kahneman）所說的心理謬

表 4-2　倫斯斐矩陣的運用

倫斯斐矩陣		我有相關的訊息嗎？	
		是	否
我是否意識到這一訊息是相關的？	是	已知的已知 十賭九輸是常態 荷官是熟手 代理利益衝突	已知的未知 賭徒心態 荷官心態 金主心態
	否	未知的已知 賭場準備 賭場心態 多角關係	未知的未知 跨國糾紛 黑道介入 黑天鵝

誤和決策陷阱：

一、過度自信（Over Confidence）：人們經常過度相信自己判斷的正確性，而當人們覺得自己對於事情的結果有控制力時，過度自信的傾向會更明顯。

二、盲目樂觀或樂觀主義（Optimism）：人們有誇大自己對命運控制能力的傾向，從而低估可能產生的風險。

行為經濟學利用社會、認知與情感的因素，來研究個人及團體形成經濟決策的背後原因，從而了解市場運作與公共選擇的方式。在談判和博弈時，人們都得充分了解——我們的情緒常會使大腦的理性運作失靈。

實用工具

「知人所不知」的五個法則

《向川普學談判》（*Trump-Style Negotiation*）作者羅斯（George H. Ross）說：「知人

所不知，可以創造很大的談判優勢。」他根據多年在房地產、法律和商業領域工作的經驗，提出了「知人所不知」的五個法則：

一、談判要自信，而掌握資訊能讓人帶來自信。

二、蒐集相似案例，和外部專業人員討論，並和己方人員充分溝通，可以提高談判效率和效果。

三、讓對方相信你對談判主題很有把握，可以收到嚇阻功效，對方就比較不會嘗試欺騙你。

四、即使對相同主題深具談判經驗，還是可以從每一次談判中獲得新知，成為下一次談判的利基點。

五、當談判涉及龐大金額時，即使向來聲譽卓著的人也會走向極端。一旦發現對方說謊或有所隱瞞時，你就必須採取一切手段保護自己。

「賭徒心態」如何讓人輸得一無所有

讀過俄國文學家杜斯妥也夫斯基寫的中篇小說《賭徒》嗎？他在一八六七年對賭徒的描述，直到今天仍然適用，任何一個曾經在賭場玩到深夜的人，都會對他所描寫的情景感到很熟悉。

到底是什麼力量驅使著那些人們不斷去賭博，直到他們輸得一無所有？

美國精神病學家卡斯特（Robert Custer）實地調查顯示，病態賭徒常見的特點是：喜歡交際、聰明且慷慨，但是容易衝動，感到焦慮和不安，追求瞬間的快感和即時的滿足。

賭徒心態對於談判者而言的問題在於，一旦上了談判桌，隨意冒險，是危險；不敢冒險，也是危險。關鍵在於，談判者要敢冒值得冒的風險，而且心理上不能陷於賭徒心態的「容易衝動，感到焦慮和不安，追求瞬間的快感和即時的滿足」。

腦神經科學近年對賭博心理和行為的研究頗受重視。精神科醫生羅伊（Alec Roy）主持的研究發現，長期參與賭博者平時的去甲基腎上腺素（感受到壓力或興奮時大腦分泌的化學物質）偏低，這似乎證明嗜賭是為了追求賭博這種行為的刺激感。

劍橋大學行為和臨床神經科學學會的蔡斯（Henry Chase）和克拉克（Luke Clark）的研究發現，在賭博活動中差一點就輸光了和賺翻了，兩種截然不同的結果在大腦中產生的反應卻是類似的。

談判和賭博的情境、過程及心境或有雷同，但是，談判的目的和賭徒設定的畢竟不同，而且談判代表的是一個組織或集體，好似賭場中的荷官，他必須知所進退、有為有守，並克制衝動、瞬間滿足及焦慮不安的心理。

如果人們不斷答錯，並因此降低了期望，那麼當他們最終答對一次後，獲得的愉悅感就會大增。要是你接連遇到壞事，你對好事的期望就會降低，這時要是你碰到了好事，就可能會感到非常高興。

倫敦大學神經學家魯特萊奇（Robb Rutledge）說的這段話，重點在於他接下來補了一句：「這時你可能應該立即走開。」問題是，談判者也經常犯了賭徒的心理謬誤，不知見好就收。

「賭徒謬誤」造成對機率的誤判

賭徒謬誤（The Gambler's Fallacy）也稱蒙地卡羅謬誤（The Monte Carlo Fallacy），是一種機率謬誤，主張由於某事發生了很多次，因此接下來不太可能發生；或者由於某事很久沒發生，因此接下來很可能會發生。

賭徒謬誤的思維方式就像這樣：拋一枚公平的硬幣，連續出現越多次正面朝上，下次拋出正面的機率就越小，拋出反面的機率就越大。實際上，由於每次拋硬幣都是獨立事件，如果因為連續拋出五次正面，因而計算出機率只有三十二分之一，就是把拋硬幣當成連續事件。因為之前拋出了多次正面，而論證此次拋出反面機會較大，這就是一種謬誤。

「雙倍下注」是賭徒謬誤的其中一例，運作方法是賭徒第一次下注一元，如輸了則下注二元，再輸則下注四元，如此類推，直到勝出為止。若勝出後繼續下注，又以一元重新開始。雙倍下注假定了在連續輸了N局的情形下，賭徒在第（N＋1）局會輸的機率非常小。

賭徒謬誤的情況可用隨機漫步數學定理（Random Walk）解釋。這個直覺的推論冒了很大的風險，來爭取小額的回報。除非有無限的資本，這類策略才可能成功。

因此，好的談判方法是每次下注固定金額，因為可以較易估計每小時的平均輸贏金額。《孫子兵法》所說的「多算者勝」的真義也在於此。

許多人把社會比作一個大的賭場，每個人都在這賭場中生活，用自己的付出，賭明天的獲得，賭的對象不僅有金錢，也有職位；有政權的穩固，也有戰事的勝敗；有工作的機會，也有婚姻的幸福。其實，摒棄賭徒的謬誤，人生不應該是個賭局，更像是一個個棋局，也許會有輸贏，但終究不會一無所有。

賭局和棋局的差異，也正是賭博和談判的不同。棋局中沒有莊家，也沒有時時向你抽佣的荷官。

談判思維

代理問題 vs. 互惠規範

博弈等於是無聲的身體語言談判，賭客和荷官之間的對弈其實就是雙邊談判中各方心思、盤算和心理的對陣。心戰在談判中也是件關乎成敗的大事。

這場賭局因指定了拉斯維加斯的荷官到澳門來發牌及處理籌碼，而使得它瞬間變成了至少三方的多邊談判，各方對是否存在合縱或連橫的利益衝突，當然就多了敏感的想像空間。

複雜＝代理＋指定

荷官是賭場的經紀人，在法人地位上也等於是賭場的代理人。代理問題（Agency Problem）在公司經常發生，由於代理人的目標與委託人的目標不一致，加上存在不確定性和訊息不對稱，代理人有可能偏離委託人的目標，而委託人卻難以觀察和監督，從而出現代理人損害委託人利益的現象。

荷官在賭場內負責發牌、殺（收回客人輸掉的籌碼）、賠（賠彩）。在澳門，荷官是高薪職業，既要求眼明手快，也要擅長心算，跟客戶交流，薪水主要分為兩大部分，分別為底薪以及客人的小費。在拉斯維加斯，客人的小費是由荷官自行收取，每人的收入各有不同。相反，在澳門則採用分攤的方式，每月點算收取的小費後，按照職等比例分給員工。

荷官在拉斯維加斯及澳門的小費制度不同，便比較容易產生代理問題。賭客指定拉斯維加斯較熟悉的荷官，也許正是存有這種想像空間；但是，荷官有其職業倫理，也有相當嚴謹的跨國賭場管理制度，業外甚至有黑道的無形壓力做為防範，想要因為一名大賭客而冒著龐大風險，並不容易。

在談判當中，面對強大的對手時，也很容易犯下同樣的錯誤——想利誘代理人或和代理人套交情，以為這樣能夠經由盤下交易獲得好處。事實上，這種東方思維不一定能夠套用在西方世界，反而經常會被對方利用，不可不慎。

互惠＝信任＋對等

「互惠規範」（norm of reciprocity）是國際談判學者公認創造「信任」關係的較佳法則。人類關係的核心是「信任」，有了信任，談判和交易就比較能夠談成。美國賓州大學華頓商學院講座教授謝爾（G. Richard Shell）針對「互惠規範」強調的做法是：

一、透過關係網絡獲得更多接觸機會，並獲得可靠名聲。例如，若和對方有共同的熟人，有助於建立彼此的信任。

二、利用餽贈禮物、施恩、透露資訊或讓步等作為，和談判對手建立起工作關係。

在談判時，「朋友關係」會觸動「對等」或「平分」規範；「陌生人關係」會有更多的競爭、自私的行為；「工作關係」是建立於信任及互惠行為，雙方都會為追求自身的最大利益而做出謹慎假設，它比朋友關係來得正式，也比較能禁得起衝突考驗。

相似＝同溫＋同層

謝爾認為「相似性」（similarity）是互惠關係中可善用的原理。我們往往會比較相信和自己很像的人——行為、興趣和經驗和我們類似、屬於同一個團體的人。而根據行為經濟學的看法，餽贈往往帶有願意發展未來關係的象徵意義，可以適時適地善用。

但是，在談判時要特別注意的是，互惠關係也有它的陷阱，像是太快相信對方、對方讓你感到有罪惡感、或把大生意和私交混為一談。對方極可能因為稍微讓步，卻要你做出更大回報。而且，要特別小心當利害關係重大時，即使是朋友或好同事，也可能使出狡詐手段。所以，遵循「互惠原則」的前提是，一定要力求對方確實可靠和值得信任。

克服談判時的心理壓力

哈佛商學院助理教授布魯克斯（Alison Wood Brooks）在《情緒管理的藝術》（*Emotion and the Art of Negotiation*）中特別傳授了「談判中的情緒管理」。她說，談判難免會有情緒，但如果好好管理表達情緒的方式，就能把感覺化為有利的條件。也就是說，談判者應該調整可能會感受到的焦慮、憤怒、興奮、失望、悔恨等情緒，並適度地表達在談判過程中，來爭取更好的交易。

哈佛大學的研究顯示，我們都有能力調整自己的情緒感受，而特定的策略，有助於大幅改善我們這方面的能力。而我們也對情緒表達的程度，有一定的控制力；同樣地，如果隱藏情緒的表達是有利的，也有一些方法可以做到。

焦慮是最可能在談判剛開始或初期階段產生的情緒；談判之後，失望、哀傷、悔恨則是最可能產生的情緒。而在討論熱烈時，我們最可能感到憤怒或興奮。怎麼辦呢？

焦慮是面對有威脅性的刺激時，反映出來的一種痛苦狀態，尤其在面對可能造成不樂見結果的新情況時，更是明顯。憤怒會刺激人們升高衝突，即戰鬥或逃跑反應（Fight-or-flight response）中屬於「戰鬥」的部分；相反地，焦慮打開的是「逃跑」的開關，讓人們急於逃離現場。

談判時需要耐心與堅持，因此，急於逃離的心態會適得其反。而且，談判時的焦慮情緒，產生的負面效果可能不只如此。從最近的研究中可以得知，焦慮的談判者，對談判結果的抱負與預期也會比較低，因此容易在第一次出價時提出不夠大膽的數字；這樣的行為，不難預期這場談判會產生糟糕的結果。

第四章
談判的心理

表 4-3　認知偏見在談判上的應用

認知偏見	談判應用
框架效應 Framing	•框架偏見強烈的談判者，顯示出比較強的風險厭惡傾向 •談判者的框架偏見，也受到對手框架程度的影響 •正向框架的談判者比較可以信賴
錨定效應 Anchoring	•起始點的價值或價格會深深影響人們後來的判斷 •起初的立場偏見會影響談判的結果 •錨定效應的影響無論個人和團體都存在，而且團體的情況經常更為嚴重，因為羊群效應和團體思考的誤導
可得性捷思 Availability heuristic	•比較精確的訊息更容易影響談判者的決定 •情感豐富的訊息比較有影響力
過度自信 overconfidence	•高度自信的談判者經常會高估發生的機率 •高度自信的談判者較少讓步，也表現較差
功利效用 Utility	•當談判雙方都認定功利效用是一客觀選項時，比較容易採取合作立場並達成協議
認知框架 Perceptual frames	•談判者基本上有三項不同的認知框架：關係—專案、情感—智財和妥協—勝敗
專案認知 Task perception	•當雙方對彼此有共同認知，談判會比較順暢
透明度錯覺 Illusion of transparency	•當談判者自認別人能夠洞悉他們的心態時，會高估談判時的透明度
觀點取替 Perceptive taking	•當人們可以設身處地以詭詐者或受害者的觀點思考時，對於倫理行為會顯現更多的價值偏見
固定餡餅的迷思 Fixed-pie myth	•談判各方將談判結果看成一個分量固定的餡餅，當一方所分到的餡餅分量增加，剩下來的便會減少 •大部分的談判者會傾向於思考他方那些直接對自己有所影響的利益 •當他方只把出價做為一項功能而已時，談判者會低估讓步的價值
認知忽略 Knowledge of other party	•當談判者面對不確定性時，會傾向忽略偶發事件
強制偏見 Coercion bias	•談判者普遍認為強制性對敵方有用，但對自己無用

實用工具 認知偏見為你爭取好交易

傳統經濟學假設經濟人是理性的，以追求最大利益為前提，但是行為經濟學之父塞勒（Richard H. Thaler）博士指出，人類並非完全理性，我們不如愛因斯坦聰明，也沒有苦行僧的自制力，而是有熱情、有偏見、有衝動的人類。

因此，經濟學的核心是人——可預測卻易犯錯的個人，我們需要的是以真實人類為主體的經濟模型，才能幫助個人、企業以及政府做出更好的決定。我們會在談判中因為短期獲利而影響決策判斷，更有甚者，還有許多認知上的偏誤和陷阱，將嚴重影響談判結果。

表4-3整理了風險偏好心理學、神經科學和行為心理學的相關理論和實驗，提供了認知偏見在談判中的應用，可做為讀者實務上的參考和應用。

第五章 談判的指南

核心摘要

談判是智謀也是權術。談判如用兵，是件大事，存亡之道，不可不察；更重要的是，辦事是為成事。而要能進退有據、行之有方、運用自如，就需要一套讓談判有效率執行的標準作業程序（SOP）。

大多數的談判者並不願意做有系統的計畫，尤其是在時間的限制和工作的壓力之下。標準作業程序或工作指南的優點是：可以節省時間，進而達到高效率；節省資源的浪費，從而達到環保效應；獲致穩定性，穩定可以使組織繼續存在，也是主要的動力。

當然，標準作業程序和工作指南也常會抗拒變遷，無法因應特殊環境需要而適時調整，這點必須隨時留意。

商業談判是一場利益式博弈，講求善意、找對人、實力對等、臨場反應，也重商業、法規和政策，戰略上可採沉默策略。官式談判則有些不同。

——高孔廉，東吳大學講座教授

二〇一五年三月的春節時分，在美國、日本、德國、中國、台灣、越南都設有生產和營運據點的一家跨國集團，委託我們進行對東南亞國家投資環境的評估考察。這家集團旗下有電子、機械、紡織和成衣等產業，近年並進軍綠色能源和生態農業，獲有不小成效。

我們用了半年的時間在印尼、泰國、馬來西亞、越南、緬甸、柬埔寨和寮國進行考察，也曾跟在地國的二十餘位部會首長、國營事業高階主管對談。

二〇一五年十月，此一跨國集團決定選擇印尼進行紡織成衣和產業機械的投資設廠，以此做為加工生產、在地行銷，進而轉口貿易的據點。

我們一行人，包括商務談判、國際法律、跨國投資和財稅會計專長的先遣團隊，由集團總裁帶領，和當地國的經濟、商務和財政部門政務及決策官員，進行了三天共四個回合的投資設廠和營運談判。

準備談判的計畫指南

去印尼進行此次投資設廠和營運談判之前，工作團隊已經對印尼的總體環境，包括：政治、經濟、社會、金融、財政、文化、法律和勞工等方面，進行了專業的分析，國際商業銀行、駐外經貿機構也提供了許多評估資料，並在決策階段一開始，就整個國際投資商務談判，建立如下的指示性作業程序：

第一步：準備蒐集資訊

第二步：建立關係

第三步：拜訪交流

第四步：整合資訊、擬定計畫

第五步：擬定策略
第六步：進行協商
第七步：執行協議

釐清現況發展與主要問題

我們的研究發現，從二〇一四年開始，在投資者於中國以外尋找生產基地的爭奪戰中，印尼便遠遠落後於其競爭對手。而在全球製造業競爭力排行榜上，也落於新加坡、泰國、馬來西亞和越南之後。

在勞力密集、出口導向製造業的競爭方面，印尼的表現遜色。一九九八至二〇一五年間，印尼出口往美國的皮件、服裝、鞋類和電子產品，成長速度都比東協其它成員國來得慢。

正如世界上其它新興經濟體一樣，印尼政府的行政手續繁瑣、貪汙猖獗。此外，當地的財產權劃分不清，印尼的財產登記費用高於其它東協國家兩倍，而重複擁有土地等用地糾紛也十分普遍。

掌握未來即將進行的規劃

印尼政府為了迎頭趕上，承諾打擊貪汙和減少官僚作風。自二〇一五年第三季以來，當局推出一系列與放寬管制、廢除官僚作風、加強執法、維持經商穩定，以及便利商業活動有關的經濟政策方案。

根據估計，企業要在印尼著手興建生產廠房，需要長達十八個月的時間，申領全部有關的證照，開設一家外資公司所需的正常程序便要六十天。不過，現在北蘇門答臘、萬丹、南蘇拉威西、東爪哇、中爪哇及西爪哇等地的十四個指定工業區，整個投資審批程序已經縮短為一至兩個星期，過去所需要的大部分證照

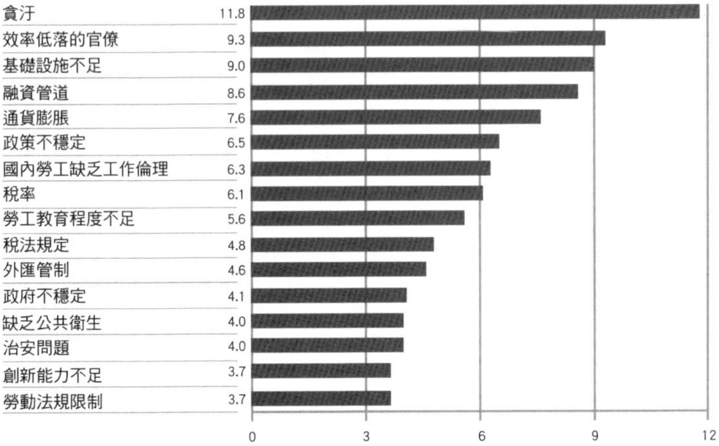

資料來源：世界經濟論壇《2016-2017年全球競爭力報告》

圖 5-1　在印尼經商面臨的最大問題

已獲豁免，在開展工程前也不須申領施工許可證。其它他重要措施包括：

一、設立經濟特區（KEK）：設立十個優勢產業經濟特區，提供賦稅獎勵、通關優惠、自由貿易區、保稅倉庫和加工出口區，主要扶植棕櫚／橡膠加工、汽車、漁業、物流和旅遊等。

二、改善基礎建設及港口效率：印尼基礎建設發展落後，當地的物流成本占國內生產總值的二六%，是新加坡和馬來西亞的兩倍。印尼政府宣布二〇一九年前致力發展二十四個新海港、十五個新機場，加建長達兩千六百五十公里的公路、一千公里的高速公路，和兩千一百五十公里的鐵路。

三、自由貿易協議：印尼與多個國家和地區達成自由貿易協議，例如，根據中國—東協自由貿易協議，中國與東協成員國之間貿易的產品，有九〇%可享有免稅待遇，使印尼成為有意打進中國和東協市場的公司一個理想的生產基地。

動腦時間：跨國經理人的設廠思考

一、若你是一家跨國企業經理人，從上述印尼投資環境的分析資料，你認為今後在跟印尼政府談判投資設廠時，哪些會是他們關心的重點？

二、你當然要替企業投資印尼爭取最佳權益和效益，哪些是你可以在談判時力爭又可以取得有利位置的重點？

三、為了在談判前蒐集完整的當地相關資料，你會跑哪些機構，取得哪些必要資訊情報？

開啟談判的行動指南

對於此次談判，我們考量到它可能是分配型，也可能是整合型談判；同時，這次的談判可能是一對一的個別協商，也可能是以團隊的方式進行，情況比較多元；因此針對整個談判計畫，訂出了如下表5-1的行動指南。

當地政府對於此一投資當然表示十分歡迎；但是，他們和我們前期的溝通中提出了一張清單，明確地表達了幾個期待：

一、政府需求：要求投資者必須和當地印尼廠商合作投資。

二、製造需求：要求移轉關鍵製造技術和訓練技術勞工，並保障每年相對於通貨膨脹的一定比率的薪資調漲。

三、關鍵組件：要求關鍵零組件在地生產，並輔導建立技術生產標準規範。

四、進口資金：印尼外匯短缺，投資商必須自備外匯。

表 5-1　談判計畫與行動指南

計畫	行動指南
界定議題	• 討論和談判哪些議題？ • 進行哪些議題組合？哪些議題彼此密切相關？
界定目標	• 我們的目標最佳及最差為何？ • 我們的談判可以如何開場？
釐清利益	• 我們的利益何在？我們的損失何在？
對手分析	• 我們的談判對手是誰？他們有何期待？ • 談判對手的特性、諮商紀錄、相關見解、名聲和可能行動趨向
設定底限	• 我們的優勢、劣勢何在？ • 我們的機會、威脅何在？
行動方案	• 我們的整體策略為何？行動方案為何？
替代方案	• 在什麼情況下要談判？有哪些替代方案？
談判規則	• 這次和每次談判有哪些規則必須遵守？

印尼政府對所提清單提出的說法是：

一、產業機械是該國經濟發展和產業轉型中重要的引擎，印尼的國營企業也有一定基礎，希望能讓該國營企業參加入股，而且在重要零組件部分，也能提出在地化的相對發展計畫。

二、印尼政府實施了一項勞工新政策，按照當年的通貨膨脹和GDP增幅，制定最低工資。計算最低工資的公式為：現有最低工資＋現有最低工資X（當年年度通貨膨脹率及GDP增幅之和）。不過，八個省的最低工資現仍低於政府所訂定的基本生活指數，未來四年，他們希望每年的工資增幅可達到一〇％以上。

三、根據目前估計，印尼國家及地區的財政預算，僅能負擔《二〇一五到二〇一九年國家中期發展計畫》所訂定的基礎建設費用，約相當於三千四百五十億美元中的四〇％。預期這個缺口可透過與私部門合作，以公私合作夥伴關係方式填補，期待我們的企業能夠參與其中跟投資地區有關的公共建設。

首要體認：國際商務談判的動態結構

國際商務談判的情境是一個動態的結構，這是我們在此次印尼投資談判之前就一再據以計畫、分析，也再三提醒整體工作團隊不能忽略的談判思維。

我們根據帕達克（Arvind V. Phatak）和哈比博（Mohammed M. Habib）的理論（見圖5-2），舉行了內部會議，在外在環境和內在資源上都詳細地參照所蒐集到的商情，特別是針對印尼當前的政經情勢、社經結構、文化宗教、產業政策、外資政策、公共政策，還邀請智庫

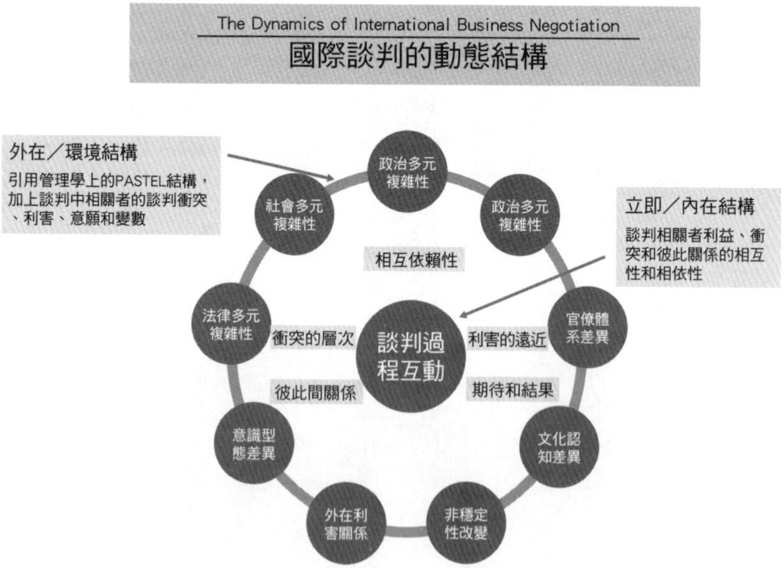

圖5-2　國際談判的動態結構

學者參與研討。

我們深信，企業不可能自外於政府、社會而能獨立生存，而且政治、社會、經濟、文化、法律、勞工、產業等因素的互動不只息息相關，並且牽一髮而動全身，必須在投資決定之前充分評估。

進行談判前的關鍵洞察

坦白說，我們團隊中大部分的人，對於此次主導談判的印尼某一政府官員和地方首長，第一印象並不是很好。我們第一次去進行官方拜會，他們兩位對我們並沒有表現出大家預期的熱情，而且對於問題的評論常以自我為中心，只認為自己的觀點是正確的，別人的觀點是錯誤的，也不太聽取不同的意見與聲音，很關心自己的問題和利益。

「第一印象效應」是指第一印象往往主導著人們對某人某事的看法。它有積極的一面，也有消極的一面，第一印象常常帶有直覺的正確性，但也容易產生錯誤的結論。另外，先入為主也左右著人們對後續事物的判斷，在沒有看到客觀的事實前就輕易地下結論。

所幸，我們都是談判的老手，知道在談判中不要讓第一印象干擾談判的情緒和思緒，而要冷靜地了解和深入分析實際情況。在這場官商談判當中，我們歸納出必須具備的幾個關鍵洞察如下。

洞悉談判對象的權力結構

倫敦政經學院人類學教授格雷伯（David Graeber）說：「自由市場的鐵則為：任何市場改革、任何政府打算減少文書作業、強化市場力運作的計畫，最後都只會導致法定規則、文書作業與政府官僚的總體增加。」

我們固然不像格雷伯對官僚體制那麼悲觀；但是，多年跟各國政府打交道的經驗，也讓我們心知肚明，政府是投資和商業行為中最大買主，搞清楚其中權力運作的方式，將是海外投資評估工作的第一要項。

對於談判者來說，在上場之前就要先對該國的政經結構和權力運作有清楚的了解，對於談判對手的學經歷、出身背景、行事風格和行為模式當然也要有所知悉；特別是要能夠在禮貌性的拜訪階段，就相互建立起友善的情誼。

對外投資談判涉及中央部會和地方政府，兩者都很重要，缺一不可；但是，許多投資者經常犯的錯誤是，在談判桌上太過於重視中央部會，而忽略了地方政府；或者誤以為中央同意的，在地方就能夠執行。人，固然是所有的談判重點；然而，事的合法、合理及合情性，仍然是一切「正當談判」的基礎。

認清談判對象的本質

官僚體系是對外投資談判成敗與否的核心，但隨著民主、經濟和社會發展程度的不同，會有不小的差異。

中央部會和地方政府首長固然是對外投資最後的簽核者；不過，副首長和廳處局長級常務官員，卻是在談判中真正的策劃者和執行者。

公共行政學創始人韋伯（Max Weber）認為，任何組織的形成、治理、支配建構於某種特定的權威之上。適當的權威能夠消除混亂、帶來秩序；而沒有權威的組織將無法實現其組織目標。他提出三種正式的政治支配和權威的形式：傳統權威、魅力權威、理性法定權威。

傳統權威，領導者有傳統的和合法的權利行使權力；魅力權威，領導者的使命和願景能夠激勵他人，從而形成其權力基礎；理性法定權威，以理性和法律規定為基礎行使權威。談判者要認識的現實是，理性法定權力的運用固然能夠形成一個客觀、具體的組織結構；然而，真實的談判所面臨的官僚情況，往往是前面二者占據重要地位，你必須臨機應變。

官僚體系在廳處局長級的執行階層，基本上擁有下列三大特性，談判時不容忽視：

一、**專業分工**：組織內每個單位、職員都有固定的職務分配，每個人有明確的權力和責任。根據分工制度，每個職員都具備熟練的專門技術。

二、**層級體制**：所有崗位的組織遵循等級制度原則，每個職員都受到高一級職員的控制和監督。組織內職員的地位，依照等級劃分。下層對上層負責，服從上層命令，受上層監督。上級對屬下的指示與監督，不能超過規定職務的範圍。在層級體制部分要注意的是，政務官關心的是政策性問題——為什麼進入此一領域？長期影響？未來趨勢和政績結果？而司局處長關心的會是策略性問題——要花多少成本？合法性如何？對政績有無幫助？科長和第一線官員關心的則是技術性問題——如何執行？是否合法？有無前例？……等等。

三、依法行政：官僚制的組織活動是由一些固定不變的抽象規則體系來控制的，包括在各種特定情形中對規則的應用。法律和規章制度是組織的最高權威，任何組織成員在任何情況下都要嚴格遵守。處理事務一切須按法規所定的條文範圍引用，不得參雜個人因素，用以維持統一的標準。

官方談判vs.商業談判的異同

根據一些外國學者專家的觀察，以及作者從事兩岸事務近三十年的心得，整理出官商談判的異同列表比較，如表5-2所示。

理性評估雙方的供需

談判時不受情緒影響的最有效方法，就是回歸理性的評估。這時照表操課，利用制式的操作程序和表格逐一檢測，便能夠有效地躲開情緒的干擾。

對企業來說，政商談判的第一課是清楚地了解政府的需求有哪些？需求程度的高低？對方擁有的相對實力大小？企業談判者在上談判桌前，一定要詳細評估清楚，我們有何籌碼？可以給出什麼？我們又可以如何跟政府官員們互動？並將之按程度和大小的不同，分別表列或圖示出來，如表5-3，

表5-2　官方談判與商業談判的比較

	官方談判	商業談判
對象	找對單位	找對人
種類	立場式、利益式 團隊 多次	利益式 個人或團隊 一次或多次
氛圍	很重要	善意
態度	嚴肅	輕鬆自在
保密	保密	也要注意
關係	互信	重要
面子	重要	普通
場所布置	高規格，講究場所布置	不講究
權力差距	只把美國看在眼裡 （習近平出訪，只跟歐巴馬召開聯合記者會）	對等與否 視實力而定
策略	同右，並以弱者自居 （例如：開發中國家、貧窮落後國家）	以市場換技術
戰術	必須切入主題	可採沉默策略
彈性	授權範圍內。拍板過程繁複、費時， 一經核定，無法變更	臨場反應
時間壓力	較少	較大
環境影響	政治、國際地緣	商業、法規、政策
對手組織	團隊紀律較嚴密	較鬆散

資料來源：高孔廉，《兩岸第一步》

這將是使你在談判中耳聰目明的法寶。

在這個階段，談判主角對於政治經濟和公共政策兩個領域應該有必要的了解，如果非自身專業，則應該在談判的準備階段就納入相關的人才，也予以必要的評估，才不致使得談判落入見樹不見林的困境。

政治經濟學是經濟、法律和政治學的交叉研究，以理解政治實體和政治環境對市場行為的影響。而國際政治經濟學是研究國際貿易和金融、國家政策（貨幣、財政政策）對國際貿易影響的交叉學科。經濟學者有時也把這個詞與博弈論的研究手段聯繫起來。

表 5-3　談判雙方供需摘要評估表

	政府要什麼	高	中	低	我們要什麼	高	中	低
1.	政府機關需要什麼？				我們要從政府那裡取得什麼？			
2.	有多少？ 在哪些項目？				政府能幫我們什麼？			
3.	我們可以滿意哪些項目？							
4.	滿意到什麼程度？							
5.	我們應該如何跟政府互動？							
6.								
7.								
8.								
9.								

公共政策是政府、政黨或其它社會公共權威部門，在一定的歷史條件下，為解決一系列的社會問題和當下的社會需求，制定並執行的一種行為準則或行為規範（包括法律、法規、法令、計畫、規劃等），是政策主體對社會價值的一種權威性分配，是一個動態的過程，主要分為：

一、**分配性政策**（Distributive policy）：指政府機關將利益、服務、成本或義務分配給不同的人口來享受或承擔的政策，如社會福利政策。

二、**再分配性政策**（Redistributive policy）：是指政府機關將某一團體或人口的利益或成本，轉移給另一團體或人口來享受或承擔的政策，例如所得稅、增值稅等。

三、**管制性政策**（Regulatory policy）：政府機關設立特殊的原則和規範，來指導政府機關及目標人口從事某些行為，或處理各種不同團體利益的政策，而使一方獲利或失利，例如入境管制、外匯管制等。管制性政策會限制個人和企業決策與行動的自由。

政治經濟和公共政策必須納入對外投資談判考量之內，主因是這些政府政策和行政行為勢必會影響到民間企業的權益，且牽一髮而動全身。

接下來，就要根據這些相互利益需求的大小，以及彼此權力和實力的高低，來擬定談判的方法和策略。

美國談判學者瑞法（Howard Raiffa）指出，在大多數談判中，對問題過早地進行判斷而不願從多角度去理解，過早地下結論而抨擊不同的看法，把談判看作是「固定金額」的、不可能產生對各方具有更大利益的比賽，只重眼前的自我利益而不考慮對方實現己方建議的可能性和方便性，都是阻礙談判思維的重要原因。

我們行前就此次和當地政府的投資談判，在集團總部進行了三次會議，並且率先按照各方需求的

表 5-4　擬定各方需求的前提方向

政府需求	• 選擇當地合作投資原則 • 確定對象，容後決定
製造需求	• 表達迅速移轉技術之困難事實 • 表達有效訓練新技術勞工不易的事實 • 當地勞工技術品管觀念普遍缺乏之事實
產品需求	• 當地公共建設不足 • 當地零組件品質無法達到國際水準
資金需求	• 進口資金深受外匯不足衝擊 • 取得及審核進口外匯程序繁雜緩慢
市場需求	• 政府過分強調重工業發展 • 當地通貨膨脹嚴重 • 過多當地國低價貨品競爭

前提方向，按照系統動態的思維，逐一進行推演和檢討，如表5-4。

維繫雙向關係的竅門

在這一階段的重點工作是，檢核企業就談判的權力而言，具有哪些資源、籌碼和優勢？而檢核項目包括：資本、技術、就業、管理和服務專案，以及對於地主國在市場行銷、公共建設、賦稅財政、國民教育等貢獻度。

主要的做法是分別從政府和民間利益均衡的立場評估（參見圖5-3），並且採用經濟性成本效益分析（參見表5-5），來讓地主國政府相信你的投資將帶來的政治、經濟和社會正面效益。

看清楚矩陣中的竅門了嗎？它除了清楚表列

政府需求 \ 企業資源	Cap.	For. Ex.	Tec.	Jobs. & Trg.	Mgt.	Infra.	Mkts.	Taxes.
【經濟】								
就業率	◦	+	◦	+	+	◦	◦	◦
訓練機會	◦	◦	+	+	+	◦	◦	◦
國際收支平衡	+	+/–	◦	◦	◦	◦	◦	◦
成長	+	+/–	+	+	+	+	+	+
生產力	+	◦	+	+	+	+	◦	◦
基礎建設	+	◦	◦	◦	◦	+	◦	◦
財政收入	◦	◦	◦	◦	◦	◦	◦	+
【政治】								
經濟力	◦	+/–	◦	◦	◦	◦	◦	+
信用程度	+	◦	+	+	◦	+	◦	◦
【社會】								
教育	◦	◦	+	+	+	◦	◦	+
健康	◦	◦	◦	◦	◦	+	◦	+
居助	◦	◦	◦	◦	◦	+	◦	+
收入平等	◦	◦	◦	+	◦	◦	◦	+

圖5-3　政策調和評估矩陣

經濟、政治和社會相關要素，並且也依據企業相對擁有的每種資源的貢獻度，包括：資本、出口、科技、就業、管理、基礎建設、行銷和賦稅等項目，標出正或負的貢獻。行為經濟學上說的錨定效應正是如此，這張表用了很多的「＋」「－」，使對方在心理上先受到制約，產生第一好感。

預見民情：知道當地可能反應的敏感度

對外投資涉及的不只是政府和企業，其實，影響更大更深的是當地的社區；所以，一個外國企業的投資勢必也會牽動當地的國營企業、意見領袖、民意代表和勞動工會的動向。談判者必須也明瞭下列因為企業規模、資本結構、產業在地化、環境保護、消費意識等等不同，而使當地形成不同程度的敏感度，並將它及時納入談判思維的考量，其基本原則是：

一、企業與政府談判力量來源（Ownership）：外資比重越高越敏感。

二、產品和服務（Product and Service）：經濟及社會爭議越大，政治敏感度越高。

三、消費買方（Buyers）：消費者越有組織、規模越大，談判力越大。
四、技術層次（Technology）：技術與資本越密集，越受政策重視。
五、廠商規模（Size）：規模越大越受矚目。

談判也有莫非定律

談判第二天的下半場，我們擔心的事還是出其不意地發生了！那個我們第一印象不太好的官員，來自財政部門，他挑明地在談判桌上說，經濟部門在工業用地的售價和使用條件上放得太寬，而我們投資設廠的財稅貢獻度太低，也太慢實現，必須調整。

他還舉了新核准的一件跨國投資案為例，指出對方還替當地免費蓋了一間幼兒園和一家養老院，也捐了美金一百萬元當成營運公益基金。

團隊成員遞了張紙條提醒我們，在投資環境評估階段，已經發現當地有幼兒園、養老院和公立醫療診所，足夠滿足整體社區需求。我們準備做的是在職職工訓練和海外就學培育計畫，讓在地化生產早日落實。我們也和幼兒園老師和養老院看護人員談過，發現她們有很強烈的提升技能的欲望，所以決定提供這些人到台灣學習的訓練計畫。

談判當然不能全都照單全收，一定也要在適當的時機對不合適的項目說不。

怎麼在談判時說不呢？頭痛但必須勇於面對，並以智慧化解的時候來了！

實用工具

如何在談判中說「不」

國際知名的談判專家坎普（Jim Camp）是摩托羅拉、德州儀器、美林證券、IBM、保德信人壽等一百五十多家企業談判訓練營的教練，他在《一開口，就說不》（*Start With No*）書中，為談判提供了一個反向思考系統。

「雙贏」是所有談判推崇的理想目標，因為「雙贏」被視為是最公平的做生意方式。但一心想達成「雙贏」的企圖，往往會被談判對手利用，致使我方無謂地妥協。結果，談判經常以「一贏一輸」收場，而且「輸」的一定是我們自己。

我們應該破解雙贏迷思，建立說「不」的正確觀念，克服對「不」的恐慌心理，導向「不」的正面思考。

說「不」在談判中扮演非常不可或缺的角色，需要先設定談判目標和使命；接著，了解雙方的限制因素，亦即有什麼是不能讓步的；最後，綜合運用可能的談判方法。

如果想獲得較好的談判結果，就是先分辨出「可控制」與「不可控制」要素。「雙贏」是一種談判結果，因為許多不同因素，你通常無法直接掌控非要雙贏不可的結局。在所有談判中，唯一可控制的是為了達成協議而採取的種種方法。因此，談判時要專注於行為舉止和行動，讓結局順其自然產生，不要沉迷「雙贏」的想像。

談判好手會做些看似違背常理的事；他們以「不」為開端，也就是說，一旦出招，就給對方說「不」的機會。如此不但能紓解談判壓力，也讓對方更理性思考，使結果更具建設性。談判高手會不斷提醒對方，無論何時，他們絕對有否決交易的權利。讓對手明顯、刻意地感到有較多的掌控權，那麼獲致有利結果的機會也越高。

坎普提出「說不」的最佳談判方法是：

一、對「是」不感興趣，偏愛「不」的回答。

二、絕不趕著「結案」，永遠讓對手感覺輕鬆、有安全感。
三、不要存有欲望；對手往往利用你的「欲望」占便宜。
四、創造「空白狀態」，確定問好問題並傾聽答案，不做假設和期望。
五、永遠有引導決策的使命和任務。
六、如果沒有議程和目標，即使電子郵件也不能發送。
七、知道彼此的四項預算：時間、精力、金錢和情緒。
八、別在沒有決策權的人身上浪費時間。

他山之石

借鑑美國前財長鮑爾森的官商談判

美國前財政部長、前高盛集團公司（Goldman Sachs）執行長鮑爾森（Henry Paulson），於二〇一五年出版了《與中國打交道》（*Dealing with China*）一書。

鮑爾森從一九九九年開始進入中國，前後多達百餘次，初期以商人身分與中國官方及國營企業打交道，後來以官員身分與中國協商對話，所以兼具官方與商業的談判經驗，茲以他書中的商業談判部分，摘錄幾個重點：

第一，要找到真正有權力的人。一九九七年，透過當時中國建設銀行行長王岐山的安排，鮑爾森與當時副總理朱鎔基在中國的政治決策中心「中南海紫光閣」會見，朱鎔基提到希望高盛協助中國電信民營化，並在香港上市，這是他「經濟結構改革」的重要一步，目的是使國營企業更為現代化，並具競爭力。

這筆生意原先是王岐山與摩根士丹利談的，但王岐山並不滿意，所以又找了高盛，並安排真正有權拍板定案、主管經貿的副總理朱鎔基見面，大概鮑爾森的簡報說動了朱鎔基，於是得到機會。這個經驗說明，與中國談判要找到真正有權拍板定案的人。

第二，進入中國的市場，關鍵是要與最重要的客戶建立牢固的關係，以樹立品牌。他於一九九二年透過香港特首董建華會見江澤民，參股了東方廣場開發案，那是香港商人李嘉誠在北京天安門廣場附近，王府井最熱鬧地段的一個大型購物中心開發案。這是個企業間共謀商機、分散風險的「策略聯盟」。

這個項目的後續發展，由於政府決策的拖延及不透明，雖經許多官員同意，但只要一位稍具影響力人士的反對，就會前功盡棄；而參與初期談判的官員，常未獲充分授權，事後也無法把談判結果「推銷」給上級。

那個時代，改革開放步伐甚慢，缺乏對法治的信守，人治才是常態，意味著建立牢固的個人關係，對於做生意極為重要。此外，他也協助中國進行國營企業改革，並將中國石油、粵海企業、中銀香港、中國工商銀行等引入國際資本市場，與世界金融體制接軌，進而接受現代企業公司治理的檢驗。

第三，「面子」是東西方談判最大的差異。西方人較務實，東方人總覺得如果沒面子，下不了台。他覺得中國人是地球上身分和職位意識最強的人，例如他提到一個談判案，真正深入了解的人，階級卻不夠高，覺得別人看不起他，因而談不下去。

除了身分外，殺價也和面子極度相關。有個個案是愛立信（Ericson）一九九〇年代與中國合資經營手機事業，他們的經驗是開出的價格也要給對方殺價的空間，通常在五％到七％之間。同時他也告誡年輕的談判新手，談判結束後最忌諱出現「勝利」的姿態，否則對方沒面子，下次談判就會更困難。

談判和推銷有何不同？

推銷與談判不能混為一談，用推銷的原則來指導談判，在實踐中將達不到好的談判效果。這是很多商界人士在談判時常犯的思維錯誤。實際上，談判與推銷既有內在的聯繫，又有本質的區別。

本質的區別

談判的產生往往需要一定的條件和時機，雙方必須經過一定的認知和準備後，具有談判的意願和必要時，才會真正開展談判；而推銷沒有這種前提。

在談判中，主動權可以在買方，也可以在賣方；而在推銷中，主動權往往在買方手中。談判的主要目標是實現己方利益的最大化，而推銷的主要目的是賣掉商品；因此談判的重心是促使對方接受己方的條件，而推銷的重心是激發對方的購買欲望。

談判是一場心理鬥爭，講求的是力量對抗；而推銷是一場鼓舞活動，講求的是激發需求。推銷者需要主動、熱情、盡量接近對方，而談判者則未必，有時甚至相反。

內在的聯繫

雖然談判與推銷有著某些的區別，但兩者亦有一定的內在聯繫。推銷的實現常常需要談判最終才能完成，當談判者是推銷者的時候，推銷與談判是密不可分的，推銷構成了談判的前奏。此外，無論是談判還是推銷，都主要依賴於說服的藝術。

談判最終都要碰觸利害的核心

談判的本質是利害的權衡和折衝，官商談判也無所例外。

在官商談判的每一關鍵點中，企業談判者都要時時提醒自己，官方談判首重談判的氣氛，雙方必須釋出善意，擱置爭議，顯示務實的態度，才能啟動談判。

利害的權衡中，國際公認的標準絕對是可讓對方信服的工具。在國際投資中，世界銀行對公共建設採用的經濟性成本效益分析量化指標（ECBA），普遍為國際投資界使用，見表5-5。

經濟性成本效益分析是屬於一種經濟面的分析方法，常被政策分析家用來評估一項公共投資計畫是否符合經濟效率的要求；也就是從社會是一個整體的觀點來考慮、比較所有和計畫相關的成本和效益，最後推薦一個淨效益大於零的計畫，供政府決策上之參考。

這種經濟思考邏輯對於促進理性決策的達成非常重要，由於社會資源具有相對的稀少性，因此唯有留意整體資源的分配效率，才可能實現社會總和福利最大化的柏雷多效率（Pareto Efficiency）目標。

表5-5　經濟性成本效益分析

計算投資對GNP的貢獻度
• 總營收（Adjusting Revenues）
來自消費者；出口、進口；影子外匯溢價（Shadow Foreign-exchange premium）
• 總成本（Adjusting Costs）
投資成本；勞動成本；物料與服務投入；稅收；關稅；補貼
• 現值（Discounting）
將專案生命周期中的的利潤與成本反映在現值；影子匯率

另外，從政府預算的分配與運用觀點，它也可以協助民眾了解政府是否把每一分錢花在刀口上，以回應對納稅義務人所肩負的公共責任。

計算出量化的數據後，最後就是兩方對陣的策略了。怎麼敲定談判的策略呢？圖5-4的經濟協同模式（Economic congruency pattern）是很好的思考工具。雙方總有想要和不想要的東西，而且各有程度上的差異，把它具象化地畫出來，中間各取一個「不滿意但可以接受」的中線，各自沿著邊線相互進行折衷，共同找到妥協的點、線或區域。

政商談判的本質其實是一項實力對陣的博弈。每一方都擁有政治、經濟、社會和行政、立法等等不同也不等的資源。英國管理學者奧

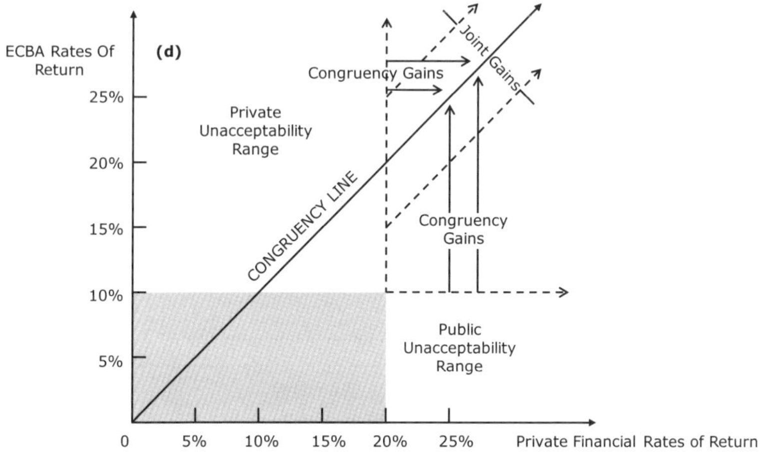

圖5-4　經濟協同模式

斯汀（James E. Austin）認定，政商對弈的核心是：誰需要從誰身上獲取些什麼？有多少？在何時需要？（Who needs what from whom, how much, and when?）哪方擁有較多的資源，在談判時就可以擁有較多的籌碼和實力。

策略矩陣：談判時的五大策略選擇

英國管理學者奧斯汀在《管理開發中國家》（*Managing in Developing Countries*）中，按照政商之間的相對重要性和權力組成四個矩陣，然後就形成了轉移、聯合、避開或贊成的四種談判策略。

策略是「系統性地思考個人或組織面對外在環境的機會及威脅，並將其擁有的有形無形資源，放

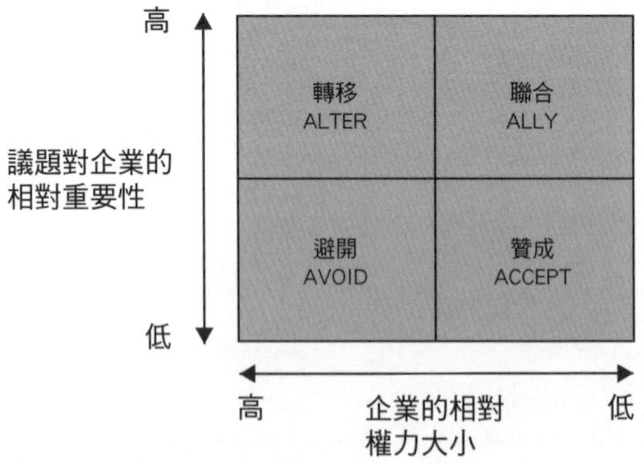

圖 5-5　談判的策略矩陣

表 5-6　談判思維的特點及實務運用

基本特點	實務運用
發散性	•把與交易內容有關的所有議題都聯繫起來，列入談判，而不是孤立地就某個議題而談某個議題。 •討論某個議題時，不只討論議題所涉及的某幾個方面，或一兩個主要方面，而是討論所有相關的方面。 例如：貨物買賣談判中商談價格時，要考慮到訂貨數量、產品質量、交貨時間等問題。
多樣性	•從事物之間的直接聯繫和間接聯繫、內部聯繫和外部聯繫、必然聯繫和偶然聯繫及因果聯繫等普遍聯繫中，尋找解決問題的新方法。 例如：向國外投資與東道國政府談判時，某些問題難以談通，就應使思維多樣化，想到經濟與政治、外交是連在一起的。請政府出面，透過政治外交關係來影響談判。
機動性	•複雜性和多變性是今日世界的新常態。隨著談判雙方意見交流的展開，各種因素都在不斷地變動，必須緊緊抓住這種變動，迅速地調整思維的方向、重點和角度，優化思維的過程和結構。 例如：設備出口貿易中，原先對方一直在現匯支付的基礎上進行談判，但隨著各情況的逐步展開，對方突然提出因外匯支付能力有限，希望改用產品支付的補償貿易。
超前性	•超前考慮到某些問題，準確預見到事物發展變化的趨勢，將在談判中占有主動優勢。 例如：在涉外商務談判中，都會碰到選擇什麼貨幣做為計價和支付的問題，因此必須對各種貨幣的匯率變動趨勢進行預測。

在最佳的位置，以創造最大的產出」。它也可以說是為達到預期的目標，針對外在環境的衝擊和內在實力的不同，做出不同的行動路徑和執行方法。

美國行為科學家湯瑪斯（Kenneth Thomas）與基爾曼（Ralph Kilmann），在一九七四年提出「湯瑪斯—基爾曼衝突解決模型」（Thomas-Kilmann Conflict Mode Instrument，TKI），指出在談判時，人員的潛在意向有兩種可能：「關心自己—獲得有利結果」或「關心他人—避免發生衝突」。相互權衡這兩種可能，得到以下五種談判策略：

一、**讓步策略**（accommodate strategy）：在談判中，若「維持雙邊關係」的重要性遠大於「求得己身利益」，這時便可採用「讓步策略」，透過蓄意輸掉結果，來贏得彼此的關係。

二、**合作策略**（collaborative strategy）：這代表「雙邊關係」和「己身利益」並列為優先考量，如果雙方能找到彼此都獲益的解決方式，能在維持良好關係下獲取最大成效，便會出現這種結果。

三、**妥協策略**（compromise strategy）：這通常是在某些壓力或前提下，彼此讓步的結果。若雙方無法合作，但又想獲得一些成效，或不願破壞關係時，妥協就會發生。另外，若有時間壓力，雙方也常會因此妥協。

四、規避策略（avoiding strategy）：若「雙邊關係」和「己身利益」都不是考量的重點，談判中也沒有任何重要部分需要執著，便會發生這種「消極的談判」，甚至是「完全避免談判」。

五、競爭策略（competitive strategy）：若非常在意「己身利益」，無論如何都不願輸掉結果，即使摧毀雙邊關係也在所不惜，便可採用「競爭策略」。

至於何時選用何種策略呢？他們建議在談判過程中，己方對問題的權衡是一回事，但對方所

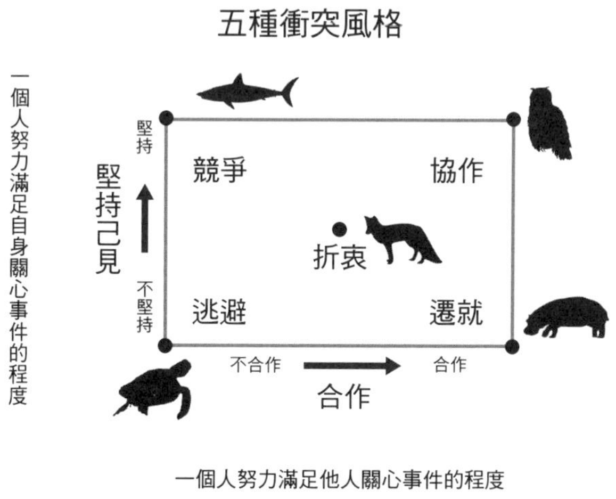

圖 5-6　湯瑪斯—基爾曼衝突解決模型

想的可能又是一回事，若想取得最佳結果，可透過分析利害得失與相關環境因素，以決定何時該採用哪一種談判策略。

切記，「沒有策略」也是一種策略。在剛開始談判時，對問題不抱定見，等確定對方立場後，再選擇己方策略，見機行事、見招拆招，不僅可以協助你了解對手，更可以讓你保持彈性，避免受困於某種談判策略，導致不可行或無法執行（例如，當你選擇退讓，對方卻持續競爭時）。

一家五星飯店的跨國品牌授權談判

二〇一五年春天，亞洲的旅遊業受區域國家間經濟成長的刺激，呈現蓬勃發展的態勢。品牌授權是全球五星級旅館經營的共通主流，中國和台灣也不例外。

然而，歐美等先進國家的許多星級旅館市場，因Airbnb等民宿出租網路平台紛紛搶食短期租房服務的影響，業績已經連續數年出現衰退現象。

一家在海峽兩岸都有品牌授權的五星級旅店，有一天早上看報紙，赫然發現傳聞已經半年的消息終於印證了。新聞上斗大的標題顯示，他們掛牌的旅館品牌已被另一家國際五星級連鎖酒店收購。他們驚訝之餘，立即召集公司內部開會，當務之急是替公司爭取合理而且最佳的新品牌使用條件。一項國際級且跨兩岸的商務談判即將展開。

談判核心：彼此如何權衡利弊？

談判的目標當然是爭取較目前掛牌更好，而且又能夠被接受的授權使用品牌條件。另外，有一項重要的目標也被董事會高度關注，那就是——企業集團近年正在大張旗鼓地進行跨國投資和商務貿易，此次談判不能只考量經濟利益，而必須重視品牌和形象。

談判基本上包含了四個主要階段：一、準備談判策略；二、資訊交換；三、提案及讓步；四、結案並取得承諾。在全盤考量過每一階段的重要因素後，我們為此次談判擬定了談判情境，和談判雙方可能的主動、被動機率，並且據以推估每一行動可能帶來的影響及其可行的因應對策，列舉如表5-7所示。

在複雜的協商現場，這些步驟的順序和速度可能各不相同，評估可能影響及可行行動策略，當然也不能只有單一路徑和思維。

舉例來說，在「提案及讓步」階段可能遇到僵局，因此重新回到「資訊交換」階段。也可能某些議題已在「取得承諾」階段，而其它議題則仍處於「提案及讓步」階段。我們花了很多時間在討論「公開透露對方意圖」和「公開抨擊對方作為」，因為這兩項敏感的議題涉及雙方談判的心態和心理，會從一開始就深刻影響其後整體談判策略的調整。

評估情境，並根據情境選定談判策略

根據圖5-7的情境矩陣，我們確定雙方雖然一時之間出現可以乘人之危的契機，對方可能採取純交易型或沉默協調型的心態和思維，進而可能採取迴避的策略；但是，我們和該旅館董事會和高階主管階層，都傾向採取平衡考量型和關係型為優先，

表5-7　跨國授權談判的行動評估表

行動	對方		我方		影響	對策
	主動	被動	主動	被動		
提出修改權益需求					談判善意	總體考量
公開透露對方意圖					造成壓力	
公開抨擊對方作為					增加壓力	
訴求國際社會奧援					增加籌碼	
尋求政府部門支持					增加籌碼	
提出其它替代方案					談判善意	獵鹿或獵兔

也據以擬定可行的策略。

從對方的觀點來檢視情境

在「資訊交換」階段若有必要，需要讓對方了解你對於情境的看法。舉例來說，在商務交易時買了瑕疵商品想要退貨時，可提醒對方若沒有妥善處理，和商店的長期關係可能受到影響。此次談判也存在著一些類似的觀點和情境，我們逐一分條、分項、分境地全部列出，以全盤掌握未來談判時雙方互動情境中的每一真相和背後想法。

決定如何溝通

親自溝通或是透過代理人。面對面溝通、透過電話、電子郵件或網路傳遞訊息。我們當時決定，既然消

雙方未來關係的重要性（你的認知）	利害關係的衝突程度（你的認知）：高	利害關係的衝突程度（你的認知）：低
高	I：平衡考量型(Balanced Concerns) （生意夥伴、結盟或合併） 最佳策略：合作或妥協	II：關係型(Relationships) （婚姻、友誼或合作團隊） 最佳策略：讓步、合作或妥協
低	III：純交易型(Transactions) （離婚、售屋或市場交易） 最佳策略：競爭、合作或妥協	IV：沉默協調型(Tacit Coordination) （公路十字路口或飛機座位） 最佳策略：迴避、合作或妥協

圖 5-7　情境矩陣

息已經見報，我們不必保持沉默，應該經由總經理適當地先以個人身分，經由電子郵件向原品牌授權旅館總經理表達關切和疑問，同時禮貌性詢問可否向新併購買家的總經理詢問，是否影響今後的關係事宜。

我們特別建議，電子郵件中只表示對新關係的關切，而不提權益，因為雙方正式談判尚未開始，直接觸及權益話題，並不適宜，也有失舊誼和禮儀。這裡包括幾個要點：

建立友善關係

心理學的基礎是「喜歡規則」：面對認識和喜歡的人，我們多半會答應他們的要求。資訊交換取決於有效的人際溝通，而友善關係是其中的催化劑。

建立友善關係的方法是，找出和對方共同的興趣、愛好或背景經驗，而且要和談判無關。這是基於「相似性原理」：當我們覺得對方很熟悉或與我們類似，就會更相信他們。而談判前「閒談」，能夠有效降低陷入僵局的風險。

找出利益、議題和觀點

他們是誰？他們為何而來？他們重視什麼？他們準備談判什麼？他們對整個情況的看法？他們有沒有完成交易的職權？同樣地，我們也用一樣的問題問我們自己，以確認雙方有關利益、議題和觀點的異同和可能交集。至於運作的方式則是先探詢，再表態。提問問題，測試自己的了解程度，而後據以歸納出重點。

透露籌碼和期望

透露籌碼在此次談判扮演重要的功能。原授權旅館的高階經理人應該有參與併購談判，他們對於此次併購談判的想法、過程中的重大衝突和如何解決的方式，對於我方今後如何透露籌碼和期望很有參考價值。

文化差異

此次談判涉及東西方文化的差異，特別是對於服務、顧客、商務的核心觀念，其實存在著觀點的不同。某部門經理特別強調，在過去兩年的合作中已出現過多次爭議。

文化差異在談判中，我們一再運用印地安大學的研究資料，提醒談判團隊一定要格外重視語言的語境溝通差異，西方人喜歡低語境溝通，有話直說，重視自己的興趣和平等權力的分配。亞洲文化特徵則傾向高語境溝通，把話婉轉地講，重視集體利益和等級權力分配。

提案及讓步

何時是主動或被動提出談判的時間？當談判的一方提出具體、而且他們認為合理的提案之後，我方就會正式提出談判的要求。對於讓步，我們也按照情境的不同，擬出如圖5-8的提案和讓步策略。至於提案和讓步的價值或價格依據，我們建議下列的參照原則，包括：「最高合理開價」（optimistic

你希望表現得 ＼ 你的實際籌碼狀況（你自己的評估）	強	弱
沒有彈性	提出要求和所有憑據的威脅。 提出你的替代方案，把決定權丟回給對方。	強調未來的不確定性。 虛張聲勢（假裝強勢）。
有彈性	讓對方知道你為維繫彼此關係做出了貢獻。 大方慷慨。	承認對方的力量，強調未來合作的潛在好處。 訴諸對方的同情心。探詢若站在你的立場，對方會怎麼做？

圖 5-8　透露籌碼的策略

opening）、「對比原則」（contrast principle）、「互惠規範」、「非輕易讓步」、「整合性協商」、「套案協商」、「議題取捨」等。

結案並取得承諾

談判的類型，包括交易談判、決策談判、爭議解決談判、價值談判和價值創造談判等不同類型。

交易談判是談判買賣；決策談判為當有多個潛在和相互衝突的選擇時，達成協議的過程。爭議解決談判是解決由於索賠被駁回而產生的衝突。價值談判是達成分銷協議的談判，要求價值以及要獲得多少資源。價值創造的談判是關於你和另一方如何增加可分配的資源，達成一致的協議。

這個案例中的國際品牌授權談判，雖然表面上

情境	是否先行提案？	提案策略	讓步策略
純交易型	若不確定，不要先提案。但如果資訊充分，可以先提案，以善用定錨效應。	提出最合理的提案內容（必須有說得通的理由）。	態度堅定，朝預期水準小幅而緩慢地讓步。
平衡考量型	若不確定，不要先提案。但如果資訊充分，可以先提案。	提出公平、互惠、合理、可靠、留有談判空間的提案。	小議題大讓步；大議題小讓步。腦力激盪各種做法，一次提出多種方案。
關係型	先提案	公平或稍作讓步。	遷就或公平妥協，盡量讓對方感激你。
沉默協調型	先提案，但要盡量避免衝突。	盡量解決問題。	遷就。

圖 5-9　提案及讓步的策略

是以被併購後新舊關係的爭議解決為重點，但實際上涉及全部談判類型的各項。

除非對方有不合法理情的期待，我們建議以價值創造做為談判的主軸，共同利用新的合約關係，追求雙方更大的合作價值，而不是計較於授權權利金高低的價格條件。

而針對此一結案策略，我們參考經濟學和投資學的相關理論，做為擬定策略的依據，包括：

一、**稀少性效應**：當人們認為某樣東西快要用光的時候，就會更想要或想要更多。凡是能夠擁有、對擁有者有用處、可以轉移給別人的東西，稀少性都能提升它的價值。

二、**投注過多**：人們在某個行動或決策付出甚多

		結案策略
情境	純交易型	設定期限；離席走人；最終報價；均分差異；評估。
	平衡考量型	設定期限；離席走人；最終報價；均分差異；評估；談判後協議。
	關係型	確保對方接收己方的善意。均分差異；遷就。
	沉默協調型	遷就

圖5-10　結案策略

後，會盡量避免承認失敗或損失。當人們在談判過程中投注大量時間、精力和其它資源，會越來越想成交。投注過多陷阱即對方刻意延長談判過程，使得己方投注過多，然後在結案前提出某個新的條件。

三、均分差異：所有交易最可能的達成協議點是落在雙方開價的中數，但注意不適用的情況，如彼此的開價不對等，己方開出合理價、對方卻開出不合理的價格。或當利害關係較大，而且雙方關係重要時，太早均分差異，可能會錯失共同探討出創造性做法的機會。而若雙方提出的條件差距過大而難以均分，可考慮請中立者評估。

談判後協議是所有談判的句點。達成協議後，不妨在可容許的時間內繼續尋求其它更好的構想或做法，讓一方或雙方獲得更佳利益，但若新提案無法同時獲得雙方認同，就應該以原本的協議內容定案。若談判破局，要留有重啟談判的空間。

而如果雙方關係惡化到無法彌補，可考慮更換談判者，若原本透過中間人談判則考慮更換中間人。並且說服各方停止對媒體發言及公開表達立場，以便於在談判桌上做出讓步。「一小步」程序（Graduated and Reciprocated Initiatives in Tension Reduction，

GRIT）可以看情況善加運用，由一方向另一方跨出清楚的一小步，然後等待對方回應。如果對方也朝向你跨出一小步，雙方就可以重複這個循環，繼續下去，取得彼此不盡滿意但可以接受的承諾。

政治上最終極的遊戲就是「戰爭遊戲」，它是一個零和的比賽，非輸即贏，而且贏者全拿。商業的競爭雖然也有類似的信條，纏鬥、追逐、獵犬也是其中的娛樂，但是，不能忘記商業的本質終究是生意——生生不息的交易，裡面有你、有我、街上的路人，以及其它許多民眾息息相關的權益，是場競合遊戲。國際商務談判不能忽視此一鐵律。

談判的策略

◆核心摘要◆

談判策略的精義是，系統性地思考環境中存在的機會和威脅、自己擁有的競爭優勢和劣勢，進而將所有資源放在相對有利的位置，以替自己和組織創造最佳的產出及效益。

談判實際上就是給（Give）與取（Take），互讓一步，各取所需，而且是一種成套交易（Package deal），不能切割來看，只要「取」而不想「給」。另一方面，能夠成交往往對雙方而言，都是雖不滿意，但可接受。

策略則是考量相對權力、實力、利益和重要性的大小、高低或有無之後，而做出從現在走向目標之各種可行方案的優先順序選擇。

「IBM是那隻熊，我們必須試著在熊背坐穩，有時熊會扭動身軀，想甩開我們，可是我們終究會得逞，因為熊是最笨重的動物。更重要的是，你絕不能離開熊，否則就會被踩在腳底。」

——鮑爾曼（Steve Anthony Ballmer），微軟前任執行長

二〇一六年三月三十日，歷經四年多的談判和諮商，鴻海購併夏普的戀情在歷經最後一個月的高潮迭起後，終於峰迴路轉，修成正果。

這是日本電子大廠首次接受外資企業的收購重整，對一向傲視群雄的日本電子產業而言，是一件相當震驚的事件。郭台銘在接觸夏普之初曾經在內部會議中感嘆：「以前要見到日本電子大廠社長幾乎是不可能的事。現在終於才有機會。」

鴻夏簽約前夕，夏普丟出的「或有負債」曾令外界震驚，也普遍認為此戲恐怕難演；但是，它給予鴻海運用談判策略砍價的機會（約砍了一千億日圓），相當值得借鏡。

鴻海集團記者會宣布投資二八八八億日圓收購夏普普通股，以及斥資九九九・

九九九億日圓購買夏普特別股，鴻海共計砸三八八八億日圓（約新台幣一一〇八億元）取得夏普六六％股權，鴻夏戀正式成局。

鴻夏戀談判的鬥智和鬥氣

其實，二〇一六年二月四日，陷入經營困境的日本夏普公司，曾發表了二〇一五年四到十二月的決算報告書，顯示總營業額比前一年同期減少了一三％，為六六三三億日圓，最終虧損一〇八三億日圓。

當前出現的危機是，夏普急需資金輸血；但是，兩大銀行──東京三菱UFJ銀行和瑞穗銀行拒絕再提供融資。

按預定計畫，極可能的發展是，夏普將被日本政府收管，進行重建。二月五日，鴻海總裁郭台銘兩次趕往夏普大阪總部，提出超過六千億日圓的出資合作意向，使得此一併購出現了戲劇性的變化。

會談前，郭台銘對最終合作成功表示十足的信心，認為「九〇％的難題已經解決，剩下的只是法律層面的事」。讓人跌破眼鏡的是，夏普卻發表聲明，否定給予鴻海優先交涉權，聲稱最終的協議談判將繼續商議下去。

夏普的態度被視為是在利用鴻海併購案，試探日本政府的「產業革新機構」是否有新的援助方案，以爭取到最大效益的談判結果。二〇一五年底，鴻海正式表示與夏普合作意願後，夏普在與鴻海、產業革新機構以及銀行間便自然出現有利的、敏感的多方利益關係的競合。

動腦時間：危急存亡之際的夏普

夏普的財務狀況已經到了極可能被日本政府收管的邊緣，為何在關鍵時刻，反而對於事關其企業存亡命運的機會，展現令人意外的冷漠？假如你是郭台銘，可以做哪些再次談判前應該做的工作？

小提示：

愛爾蘭作家阿克力斯（Aquarius X）在《豺狼的微笑》（*The Smile of a Wolf*）中強調，行動之前，一定要算計。算計有四個重點，一定要從頭到尾，思考清楚：

一、我是誰？我現在的位置是什麼？
二、我要的是什麼東西？
三、誰有這個東西？
四、他為什麼要給我這個東西？
一切沒算好之前，不行動，一旦行動，堅持到底。

大阪談判術：郭台銘應該補修的一堂課

究竟為什麼，二月五日郭台銘信心滿滿的會議過後，卻瞬間遭到夏普翻盤？為什麼看似即將修成正果的併購，出現如此不一致的認知？

早稻田大學管理學院副教授長內厚表示：「郭台銘的舉止不符合『日式』的禮數。」從台灣人的角度來看，可能覺得這次郭台銘主動出訪的行動很禮遇。鴻海是年營業額高達十五兆日圓的大企業，董事長卻親自去和一家陷入經營危機的公司談判。從日本人的角度，卻有不同的看法。

首先，大家原本就不該期待夏普高層會很快做出決策。台灣的經營者彼此如果達成協議，就代表企業間正式做成決定了；但是日本企業必須再召開董事會，經過審議和決議，否則即使談判對象是社長，也不是「組織的決定」。忽視這個簽約的必要程序，等於無視日本的企業習慣。

第二，日本大企業的社長不會在門口或大馬路上開記者會，郭台銘原定接受訪問的場地，是在夏普公司外的大馬路上，記者會上放著麥克風的桌子是夏普的，但這是記者們臨時去借來的，完全不符合日本的禮數。

第三，當時郭台銘的穿著也有問題。日本的企業經營者習慣穿著沉穩的深藍色或灰色西裝，認為顏色鮮豔的領帶或圍巾不夠莊重，也會影響談判時

表6-1　鴻海與產業革新機構的收購對比

鴻海精密工業	VS	產業革新機構
7000億日圓	出資金額	3000億日圓
全額投入企業成長	重建內容	液晶及家電部門的投資
維持現有管理階層	重建內容	撤換現有管理階層
最大限度保有現職員工，40歲以下員工不裁員	重建內容	進一步裁員以降低成本
擴大、開發主要產業	目的	日本國內電子產業重組
吸收液晶技術	目的	防止技術流到海外
另外商議	對銀行的要求	追加3000億日圓的資金援助

資料來源：大紀元

的觀感。

這些林林總總的細節，都隱約決定了這場談判的勝敗。

捲土重來，鴻海如何展現誠意、突破心防

實際上，在二〇一二年三月夏普陷入嚴重赤字時，鴻海便曾經向夏普表示過「情意」。當時夏普液晶的主要生產線堺工廠出現巨額赤字，急需外援，郭台銘曾表示願出資以濟燃眉之急，公告將購買夏普九．九％股權；但一個月之後，夏普的年度決算顯示巨額虧損三七六〇億日圓，鴻海因而反悔，雙方談判破局。

《商業周刊》針對鴻海此次談判破局，歸納出幾個原因：

一、未掌握談判關鍵對象：當時郭台銘對夏普社長表達的訴求，是希望大刀闊斧改造夏普，辭退以年資制為主的高齡雇員，但是此舉卻與只關心自己分紅、職位的社長董事產生利益衝突。

二、未能讀懂對方心理需求：夏普十三席董事包括政府、銀行團、公司代表、社長、員工等，郭台銘雖然歷經三任社長的溝通，卻未掌握幾席關鍵董事的心理與需求。

三、誤解併購的核心要素：誤以為此一併購是「價格」談判，忽略了文化、心理與時間因素。鴻海公告購買夏普股權卻未履行，是因為鴻海未做「實地查核」（Due Diligence）就急著簽意向書，獲知虧損後才反悔，使夏普質疑郭台銘的誠信問題。

郭台銘捲土重來，所做的策略調整

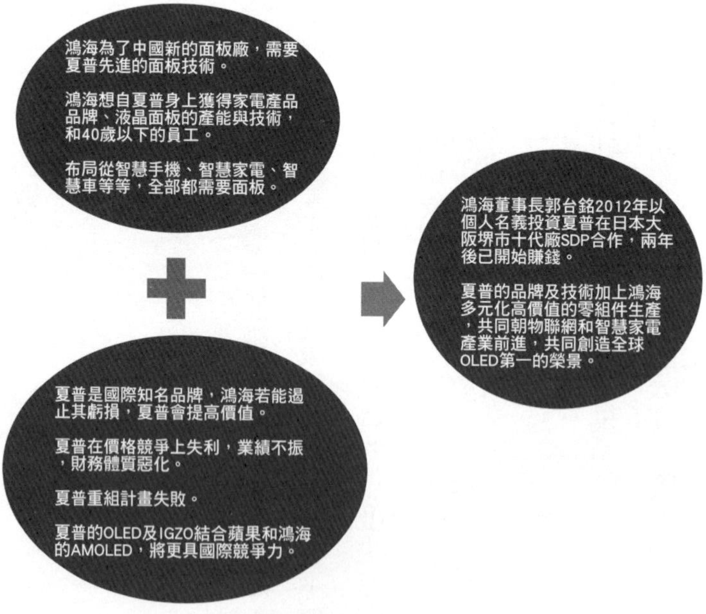
鴻海為了中國新的面板廠，需要夏普先進的面板技術。
鴻海想自夏普身上獲得家電產品品牌、液晶面板的產能與技術，和40歲以下的員工。
布局從智慧手機、智慧家電、智慧車等等，全部都需要面板。
夏普是國際知名品牌，鴻海若能遏止其虧損，夏普會提高價值。
夏普在價格競爭上失利，業績不振，財務體質惡化。
夏普重組計畫失敗。
夏普的OLED及IGZO結合蘋果和鴻海的AMOLED，將更具國際競爭力。
鴻海董事長郭台銘2012年以個人名義投資夏普在日本大阪堺市十代廠SDP合作，兩年後已開始賺錢。
夏普的品牌及技術加上鴻海多元化高價值的零組件生產，共同朝物聯網和智慧家電產業前進，共同創造全球OLED第一的榮景。

圖6-1　描繪鴻夏戀1＋1＞3的願景

包括：

第一，先在媒體前透露二〇一二年未收購股權的誠信問題，並再次釋放併購的誠意。

第二，不從社長，改從董事會另外幾席，包括：銀行團、員工派等董事下手，一一突破關鍵決策者心防。

第三，拉攏夏普的兩大債權銀行，承諾吃下其一半股權，免去銀行呆帳風險，也提出董事會成員解套方案。

第四，爭取夏普員工認同。二〇一二年，郭台銘收購夏普旗下的十代面板廠堺工廠，一年內即轉虧為盈並重賞員工，藉此證明其營運能力，建立夏普員工對鴻海扭轉劣勢的信心。

最後，二〇一六年二月，郭台銘更親赴夏普總部，向夏普保證營運獨立、留任員工、保留夏普品牌、技術不外流等等，堪稱誠意十足。

動腦時間：談判時要展現的是「霸氣」或是「殺氣」？

一、談判時要展現的是「霸氣」或是「殺氣」？還是兩者都有，視當時不同情況而定？

二、若面對不按理出牌又氣焰高漲的談判對手，要如何因應？

他山之石

比價格考量更重要的事：M.Setek的「或有負債」事件

企業併購案從來都不只是價格考量，如何事前蒐集到足夠資訊，找出關鍵談判對象或決策者，抓住對方談判桌以外沒有說出口的需求，甚至運用時間壓力來促成交易，可以說是企業高層必學的管理課程。

二〇〇九年，為了進軍太陽能產業的友達，曾經以一．二五億美元買下太陽能矽晶圓廠M.Setek逾半數股權，卻在入股後參與經營發現，M.Setek的「或有負債」規模比當時實地查核時要多出許多。

「或有負債」一直是電子科技業併購時難以掌握的風險，群創併購奇美也曾出現同樣的炸彈。奇美被併的次年，一樁歐盟反托拉斯的價格調查案結果出爐，歐盟判定奇美須付出三億歐元（約新台幣一二八億元）的賠償金，帶給群創始料未及的損失。

動腦時間：如何面對簽約前落下的炸彈？

眼看好戲即將落幕，天外突然飛出意想不到的重大變數，若你是鴻海高階主管，如何替老闆運籌帷幄，拿出鬥智而不鬥氣的定見及談判的可行方案？

嫌貨才是買貨人：解構所有的不利，才能創造有利

國際併購案必然經過三階段：第一、開放有意的買家，賣方會提供粗略的資料，據此決定誰能取得資格，簽訂意向書；第二、合格買家可進入細部實地查核，賣方此時會提供進一步資訊，供買家評估，提出買價；第三、正式簽約前，雙方已經有交易草約可參考。而且草約中所涉及的賣方各項文件、財務資訊，一定是符合有共識的合約。

開江闢土需要英雄本色，掌握契機格外需要膽識，特別是在各方不看好的寒冬低潮

之中。郭台銘在此次併購中堅信，以鴻海的績效、布局、客戶當靠山，絕對能帶夏普走出新局。他也知道，夏普手上握有鴻海夢寐以求的東西。而夏普能否避免破產、員工被大量解雇以及旗下事業體被拆卸得四分五裂，鴻海雖然不是唯一，卻擁有它獨一無二的優勢。競合和互利關係是一切併購是否有價值的基礎，也是它成敗的關鍵，而殘酷的現實會造就真正的勝利者。

美國總統卡特、雷根及柯林頓的談判智囊柯漢（Herb Cohen）在《談判》（*You Can Negotiate Anything*）中強調，談判致勝的三個關鍵是情報、時間、權力。蒐集一切談判相關的情報，創造對方談判時間的壓力，最重要的是，提升自己在談判中競爭的權力，特別是：需要的權力、投資的權力、認同的權力、說服的權力和態度的權力。

柯漢表示，遊戲規則是人定的，再密的蛋殼也都有縫，而任何危機和衝突，其實都還有談判的空間。談判想成功，光講道理是沒有用的，除非能解構對你不利的規則，創造對你有利的「道理」，然後讓敵人站在你這邊，否則，你的談判永遠都只是一場自欺欺人的遊戲。

川普總統的逆勢談判五要訣

美國總統川普上任前就頻頻放話，而且說三道四，完全不按傳統的政治規則出牌，到處挑起衝突的戰火；上任後更是左右開弓，玩弄各國總統或總理於股掌之間；唯有俄國總統普丁、中共總書記習近平、德國總理梅克爾還能保持冷眼旁觀。

川普，這個出身商界的房地產大亨，當然在談判上有他不一樣的獨到之處，激怒對手、先說「不可」、製造衝突、善搞對立是他慣用的手法。他還有哪些談判的看家本領？

《向川普學談判》的作者羅斯，是川普集團的執行副總裁。他近身觀察川普的商業談判模式，發現川普的談判魅力在於「洞悉人性」、有霸氣而無殺氣，更懂得「逆勢操作」，完全不受框架拘束，他並整理出川普在談判時的六個特點，包括：

逆向思考、先不吐實

川普與開發商坎德爾（Leonard Kendall）的一次交手經驗，充分顯示出川普的老謀深算。坎德爾是精打細算的人，以難纏著稱。兩人交手的標的物是川普大樓與蒂芬妮公司（Tiffany & Co.）中間的一塊地。川普只要拿到這塊地，就可以讓自家大樓有另一個出入口，以此新增更多的空間利用權；所以，他真正想要的是一張長期租約。

不過，川普清楚知道，如果他照實開口，會陷入一場討論訂約細節的攻防戰。他逆勢操作、繞道而行，一開始就表明說要以「合理」市值買斷地產，造成雙方針對「合理」一事意見分歧、僵持不下。結果，時間一拉長，坎德爾就禁不住找川普談長期租約的可行性，正中川普下懷。

有時候，直接提出要求，未必能達成願望。不妨先試著就事情的各種可能與發展做沙盤推演，找到不一樣的路徑，只要最後殊途同歸、完成目的即可。

不露底限、言出必行

不吐露真實目的的談判法，難以預測下一步，讓對手猜不到你的底限，也摸不透每句話背後的意涵。這也是川普在談判時的另一手法。

不過，「不可預測」是一把雙面刃，這樣的特質也容易使人的可信度降低，無法探知對方話語的真假，連帶提出的賞罰、協議也都變得不可靠。因此，「不確定性」的應用範圍只能限縮在談判過程中的「行為」，在達成協議後，仍要實實在在地履行承諾，建立信用與威嚴。

上白下黑、雙線進擊

接續先前坎德爾與川普的協商，川普與律師搭配的「下黑上白」手法是：雙方在達成口頭協議後，川普便交代律師：「請你跟坎德爾敲定細節，我要你擬一份既能充分保護坎德爾的權益，又足以滿足川普大樓所需的租約。」

有問必答，不問不答

位高權重的人不會希望你話多，精要最好。而談判需要講重點，話多是禁忌，不管面對誰，這都很重要。比方說，我看上了A產品，它有A1、A2、A3共三種特殊性能，當對方詢問「A2」時，你只要清楚介紹A2就好，不需要細說從頭。

在談判桌上，大多數人都已經搞清楚彼此手上擁有的籌碼，因此對方再提問題時，只是想釐清心中沒說出口的疑惑，你只要解決他的疑惑即可。

屈居下風，寵辱不驚

其實，碰上像川普這樣霸氣和無所畏懼的人，即使談不攏，也是家常便飯。面對位高權重、出招難以預測的談判對手，心境更要維持平靜無波、寵辱不驚，即使這次談輸、破局了，也要盡速重整歸零，應付下次的談判挑戰。

調整底限，機動運用

談判是個動態的過程，一切的盤算都要隨著人、事、時、地、物而有所改變，不能死守著心中的定見，最終使得談判破局，因小失大。

例如，原本談判的終極目標是「獲利」，但是，過程中可能因政策的變動、時間的延長或第三方對手的加入，使得獲利削減。經過評估後，用認輸換得「關係」或其它次要目標，會比一味僵持來得更有談判價值。

擅長「鬥氣」的藝術

哈佛法學院協商談判教授福克斯（Erica A. Fox）發明了一種「履行合約」（Honoring the Contract）的談判模擬遊戲，在談判開始之前，每一組學生中會有一人收到最高機密教戰守則：「請在談判一開始，就表現出你的憤怒，時間至少長達十分鐘。」教戰守則會告訴你表達怒氣的技巧：打斷對方的話，說他「不公平」或「不講理」，指責對方造成歧見，並且提高音量。

這個演練的有趣之處是，通常表現得越憤怒的組別，談判的結果越可能不盡理想，像是進入訴訟或陷入僵局。也就是說，帶著怒氣去談判，就像在過程中投擲炸彈，很容易對最後結果造成深遠的影響。

另外，值得注意的是，焦慮是最可能在談判剛開始或初期階段產生的情緒，而在討論熱烈時，我們最可能感到憤怒或興奮；至於談判之後，最可能產生的是失望、哀傷、悔恨等情緒。

避免焦慮

焦慮是面對有威脅性的刺激時，反映出來的一種痛苦狀態，尤其在面對可能造成不樂見結果的新情況時，更是明顯。焦慮會打開「逃跑」的開關，讓人們急於逃離現場。

談判時很需要耐心與堅持，因此，急於逃離的心態會適得其反。而且，最近的研究顯示，焦慮的談判者，抱負與預期也會比較低，因此容易在第一次出價時提出不夠大膽的數字。

談判時如何避免感到焦慮？訓練、練習、排練，並持續強化你的談判技巧。焦慮通常是對新刺激的反應；因此，對所有刺激越熟悉，你就會感到越自在、越不焦慮。反覆模擬談判練習會帶來安心自在，使談判變得像是例行工作，而不再是一種會引起焦慮的經驗。

另一種降低焦慮的有效策略，是引進外部的專家進行談判。協力廠商的談判人員較不容易焦慮，因為他們的技巧較熟練，對他們來說，談判過程只是例行事務，與談判結果的利害關係也較低。

管理怒氣

憤怒和焦慮一樣，也是一種負面情緒。焦慮是針對自己，而憤怒通常是針對別人。在大部分情況下，我們都會控制自己的脾氣；但在談判時，許多人認為憤怒可能是有利的情緒，一種能幫助他們取得更大利益的情緒。

這樣的觀點，源自用競爭的觀點來看待談判，而不是合作的觀點，又稱為「固定餡餅的迷思」：人們假設談判是零和遊戲，認為自身的利益與對方的利益直接衝突，談判交易經驗不多的人尤其會這麼想。

在談判時，情緒失控，或是因為對於陌生文化不夠理解，而在談判中處於劣勢地位，這是國人在面對談判時常見的錯誤。

實用工具

把「鬥氣」當成一種談判籌碼

感受、認知和情感，是會影響談判結果的三個重要心理因素。積極正面與消極負面的情緒，對於談判的影響各有其正反效應，這是談判者必須注意的現象。

一、積極肯定的情緒可能產生消極負面的結果：抱著積極進取心情的談判者，可能比較不會細心檢驗對方論點，因而被對方欺騙或蒙蔽；較不重視對方的論證，彼此可能無法達成最適的結果；假如在正面期望下無法達成協議，談判雙方的挫敗感更大，更會以冷漠的心情看待對方。

二、消極否定的情緒可能產生積極有利的結果：負面情緒會透露值得注意的訊息，警告對方談判的情勢正遭遇困難，需要特別謹慎，進而引導雙方暫時離開會場，以先行解決當下難題。憤怒生氣也可視為危險警告，促使雙方直接面對問題，尋求解決之道。

因此，情緒可以策略運用成為談判的籌碼。克里夫（Gerben van Kleef）等人的研究發現，談判者依循對方情緒的轉折變化，調整其談判策略，特別是和忿忿不平的對象談判時，都傾向於降低要求，而在對方怒氣似乎威脅到談判結果時，會做出一些小讓步。

併購大王的動態談判思考

併購像天下分久必合的規律。《三國演義》說：「魏得天時，蜀得人和，吳得地利。」得天下者必須天時、地利、人和三者兼具。

中美晶董事長盧明光、友嘉實業集團總裁朱志洋、岳豐科技董事長葉春榮是台灣最具代表性的併購成功人物。他們分別以併購策略帶領企業投入國際市場，也為企業整合出產銷一體的發展。

中美晶董事長盧明光主導超過十一件的併購案，讓中美晶集團從一家生產線位於新竹的三吋半導體廠，擴展到涵蓋台、中、美、日、歐等地，擁有十二吋月產能高達七十五萬片的「全球第三大廠」，更完成太陽能垂直整合的產業布局。

友嘉實業集團總裁朱志洋，集團旗下工具機事業群在全球有三十九個國際知名品牌、五十三處生產基地、分布在全世界十大機械製造國，這項成就為他贏得二〇一六年「安永企業家獎」。

亞洲最大的寬頻網路線纜製造商岳豐科技，以迅雷不及掩耳之姿，併購了美國3C

通路大盤商Prime，對於台灣研發、中國製造、全球市場的諸多台資企業而言，是邁向通路和品牌經營的典範。

表6-2整合他們併購談判的經驗，並依據「動態談判」的結構要素，整理出供大家實務運用的參考。在時間上考量天時和時機，在空間上考量地利和地氣，在系統上考量產業的垂直整合、水平分工，在人的心智模式上考量人和、信任、權力、實力和授權的均衡，完整地思考談判的動態結構及系統的平衡，追求天時、地利、人和的談判成果。

表6-2　併購思考的關鍵要素

動態結構	關鍵要素	實務經驗
時間	天時 時機	●併購前花兩、三年，分析併購公司、競爭者的財報，拆解材料、採購、營運數十項數據（盧明光） ●除了買技術、買品牌與買通路外，併購企業的行為也是「買客戶」，不能躁進（朱志洋）
空間	地利 地氣 決策	●遭遇競爭對手搶親，是國際併購的常態（盧明光） ●談判之前想明白併購的目的為何？親自拜訪被併購對象的大客戶，向對方提出「併購後不會不好，只會帶來更高利益」的相關說明，如果對方仍不支持此項併購行動，寧願不要冒險（朱志洋）
系統	產業 垂直整合 水平分工	●併購是產能、技術和客戶的相互整合及互補（盧明光） ●建立併購當責制度。併購案提案人、實地查核、董事會報告人與執行併購整合的帶隊官，必須是同一個人（盧明光） ●併購是買下通路、品牌和人才（朱志洋）
人	心智模式 人和	●併購企業買貴了沒關係，但買錯了公司會倒（葉春榮） ●併購案失敗機率高達八成，最大問題是企業文化的磨合（葉春榮） ●跨國併購是截然不同的文化的折衝和融合（盧明光） ●成就感與尊榮感是併購談判中不容忽視的要事（朱志洋）
信任		●尊重對方，贏得信任基礎（盧明光） ●懇切態度贏得被併購企業信任，也克服磨合風險（葉春榮）

表6-2　併購思考的關鍵要素(續)

動態結構	關鍵要素	實務經驗
權力	智力 財力	●在財務風險評估上強調現金流的重要性（朱志洋） ●併購一家企業與其看它的淨值、土地廠房價值，不如看它的現金流能否起死回生；應收帳款、存貨能否收回與變現，如果做不到，就縮手不要碰（朱志洋） ●加碼擊退對手是併購常用的籌碼（盧明光） ●精準分析須先做好資訊彙整。辦公桌上放著黑筆、紅筆、螢光筆、尺與計算機。一張張財務報表與產品價格資料，一列列地仔細閱讀與分析資料，作為併購與產業景氣情資（盧明光） ●邀請有國際併購豐富經驗的企業家友人，解讀相關資料，進行評估（葉春榮） ●打破外國企業高薪的心理障礙（葉春榮） ●收購標的物要不要買？為何而買？心中自有一把尺，不要隨別人起舞（朱志洋）
實力	承諾 毅力	●併購要膽大心細，做好「衡外情，量己力」，找到虧損的原因，併購就會成功了（盧明光） ●許多併購案失敗都是因團隊整合出問題（盧明光） ●公司賺錢，稅後盈餘的一〇%，除了我與姚副董不能分紅以外，直接分紅給所有員工（盧明光） ●併購談判時承諾公司穩定經營（葉春榮）
授權		●併購最關鍵成功要素在於擁有堅強的團隊奧援，有人找併購標的，有人負責營運改善，有人扛下業務整合（盧明光） ●聘請具有併購企業實務經驗的會計師及律師，負責財務查核及併購談判（葉春榮）

第七章
談判的決策

◆**核心摘要**◆

談判是一場權力的遊戲。權力來自於知識、財力和武力。歷史的定律一樣在談判的世界裡一再發生。在談判中如果沒有實力，又沒有堅持的毅力，以小事大、以弱擊強，決策上便要能不動聲色、逆境等待、出奇制勝、以柔克剛或謹慎而為。

談判是科學也是藝術，相關決策要能知機而變、待機而動。

- **攻的哲學：**談判必須戰術和戰略兼籌並顧、相互為用。孫子兵法說，知兵者，動而不迷，舉而不窮。而謀攻貴在知彼知己、攻其無備。
- **守的哲學：**談判有如身處三國時代，逆境時，沒有足夠的聲望、地盤、軍隊，但善於利用群雄間隙，各方交好，收編精銳，乘機用勢。

「這真是荒謬」，這句話同時代表著「這是不可能的」，以及「這是矛盾的」兩種意思。

——卡繆（Albert Camus），《薛西弗斯的神話》（*Le Mythe de Sisyphe*）

二〇一七年四月八日，美國總統川普和中國國家主席習近平終於見面了。隨著兩人結束持續二十一個小時的峰會，雙方均表示關係取得了進展，但是並沒有跡象顯示雙方在貿易和朝鮮問題上達成了共識。此外，美國在峰會期間對敘利亞採取空襲行動，也為習近平帶來了干擾。

在川普當選美國總統後，中美關係曾一度陷入危機，因為川普在貿易和包括台灣在內的領土問題上，屢次向中國政府發出威脅。這個首次川習會格外引起世人的關切。

權力是由知識、財力和武力構成，我們從這三大要素來分析它在談判上所代表的策略意義，如表7-1。川普和習近平都善用了這三者之間的競合互動關係，希望經歷了一段雙方的動盪期後，首次的高峰會有助於調整雙方關係，解決彼此深層的差異。

表7-1　權力、行動與背後的策略意義

權力構成	內容和行動	談判的策略意義
知識	●圍繞貿易和朝鮮核武計畫問題的差異	●公平貿易vs.自由貿易 ●單邊解決vs.多邊解決 ●戰爭vs.和平
財力	●美國的主要目標是增加對華出口，減少美國的貿易逆差。 ●匯市干預。	●雙方決定啟動中美貿易「百日計畫」，該計畫進度將異常迅速，包括一些階段性成就。 ●中國表達降低對美貿易順差的興趣，在於其對貨幣供應和通膨的影響。
武力	●朝鮮的核武能力仍然是中美共同的擔憂問題。 ●意料之外的轉折，川普告知習近平美國對敘利亞空軍基地實施導彈襲擊的情況，包括導彈發射數量及採取此舉的理由。 ●習近平理解，當有兒童被殺害時，有必要做出這樣的回應。	●習近平：同意問題已處於十分嚴重的階段，承諾找到和平解決方案。 ●川普：暗示美國樂於與中國政府合作，但如果中國不能提供幫助，美國就準備自行採取行動。

川習談判背後的動態結構

談判是一個動態的結構，由時間、空間、系統和人所組成。時間上要依據現實的情境和可能演變的每一階段，設置不同時期的短中長期目的和目標。空間上則涉及在不同時／位／勢上的談判行動、決策和策略。系統是談判相關的組織、議題和權責；人則是心理、心態、社會背景和人際關係。

川習高峰會在這一談判的動態結構上，妥善的做法應該在事前針對動態的每一要素先有詳細的評估，而且在談判的階段也時時列入談判的系統思考之內。

表7-2　川習會背後的動態結構

動態要素	內容和組成	談判的目標意義
時間	●今年秋季中共領導階層將進行換屆。 ●川普：預計未來還將在中美關係上實現更多進展，許多潛在不利的問題將消失。（但是沒有具體指出是哪些問題）	●習近平希望在此之前鞏固在國內的地位，同時避免貿易和朝鮮半島問題突然激化。所以對習近平來說，穩定中美兩國關係具有重要的意義。 ●雙方未就控制朝鮮核武項目或縮小美國對華貿易逆差達成具體協定，但坦誠的對話使雙方建立了有力聯繫。
空間	●習近平：稱讚了川普的熱情招待，還表示雙方達成了幾項重要共識。(不過沒有提供具體細節)	●雙方加深了彼此了解，增進了相互信任，建立起初步工作關係和友誼。
系統	●中美對話和合作機制 ●新華社：習近平敦促兩國推動在雙邊投資協議方面展開深入談判，並探索兩國在基礎建設、能源等領域的合作。	●川普接受習近平的邀請，將於今年對中國進行國事訪問；雙方還在安保、經濟、執法和網路安全領域建立了四項對話和合作機制。
人	●努力促進兩位領導人及夫人之間的個人關係。	●美國第一夫人梅拉尼婭與習近平夫人彭麗媛訪問了當地一家專注於藝術教育的公立中學。 ●川普與習近平在海湖莊園內的花園中散步。 ●川普的外孫、外孫女也在峰會上露了面。

動腦時間：川習會如何談出更好的結果？

一、從談判的策略而言，你認為川普和習近平談判決策如何？依據的理論或理由為何？

二、你對於川習會首次達到的成果所採取的談判決策，有何改善建議？

做足前置功課的決策成果

「川習會」結束後，雙方同意建立包括四個核心的「美中全面對話」，美國總統川普接受中國國家主席習近平的邀請，將於今年內赴中國訪問。「川習會」後並未發表聯合聲明或成果清單，但在晚宴中突然被川普告知美國攻擊敘利亞的習近平仍稱，這是「一次匠心獨具的安排」。

對於此次會談的結果，當然各方會有不同的觀點和評價。《聯合報》冷眼集對歷史性的「川習會」落幕發出評論，指出世界終於看到美國總統川普與中國國家主席習近平會面、握手、一同喝茶用餐的畫面，但也僅止於此；畢竟事前這本就公認會是一場象徵大於實質意義的形式會面，最後空洞的「成果」更證明，這果然只是川習兩位「初相見」的領導人過場，之前各方的猜測或疑懼，只能說是「有備無患」。但對中國做足「川普功課」則給予高度評價，指出習近平實做足了功課，並且投川普所好，使得原本並不看好的中美關係轉危為安。川普上台之初，一直有意拿台灣當籌碼，逼迫中國就範；如今習近平回過頭來，一方面凸顯彼此共同利益所在，另一方面將雙方的矛盾最小化，針對川普擔心的事項逐一解釋，創造雙方共同利基，終致雙贏結局。

第一步就不能下錯的棋局：川習的談判棋譜

布魯金斯研究院東亞政策研究中心主任卜睿哲（Richard Bush）對《德國之聲》說，自從川普上台以來，中美關係面臨更大的不確定性。此外，川普目前最大的問題是在美國國內的政治地位尚未鞏固，還沒有具體的政治建樹，川普急需從中國得到一些「小禮物」，再把這些小禮物描繪成比較大的禮物，方向很可能是在北韓和貿易問題上。

談到北韓問題，復旦大學國際關係學院教授吳心伯對《德國之聲》說，川普這個時間點向中國發難是一種心理戰，想向中國施加壓力，但目前情況是中方手中的牌很多，可以減少從美國進口、讓美國在中國投資面臨不利環境，北韓問題最終還是要取決於中國的想法。

川習會最高的目標當然是雙方達成共識，堅持一個中國政策，本著不衝突、不對抗、互相尊重、雙贏合作的精神，建立具有建設性、以成果為導向的關係。

從談判的觀點來看，川習會這盤棋，有東方的象棋和圍棋，也有西方的西洋棋及跳棋。有的能飛象過河，有的是黑白對抗，有的是左右轉移，有的是競中有合，有的要外力介入；其中更有的是棋子，有的是籌碼，有的是棄子，有的是兩者或三者都是，有些則是非棋子也非籌碼，錯綜複雜，不一而足，格外需要在談判之前做好功課。

川普的棋盤有些什麼呢？他的棋子就亞太區域政治而言，擁有日本、韓國、菲律賓等南海諸國的聯盟，其中最敏感也最爭議的則是一中政策和南海爭議，予以應用在川習高峰會上，分別列舉為表7-3。

習近平掌握近年中國崛起的事實，他的棋子固然看似不如美國如此強；但是，隨著新經濟政策「一帶一路」的推動也非同日可語，特別是握有龐大美國國債，對於北韓、

表7-3　川習高峰會的棋子與籌碼

	川習高峰會	棋子	籌碼
時間	短期會晤 首次會談 倉促時間	鷹派與鴿派對中國政策的辯論依然方興未艾 習近平前後只在美國停留24小時 一中政策	一中政策 釣魚台 薩德導彈 南海
空間	雙向對談 主客會面 談判協商	美日韓三角同盟 海空域中美日對峙 南海島嶼爭議或海域自由航行	多角行動 雙向對棋
系統	政治經濟 外交軍事	單方解決北韓亂局	中美貿易長期巨額逆差

表7-4　習近平的棋盤

	川習高峰會	棋子	籌碼
時間	短期會晤 倉促時間	首次會談 川普的外交團隊尚未完全到位	戰略對話 和解之行
空間	雙向對談 客主會面 談判協商	美日韓三角同盟 海空域中美日對峙 南海島嶼爭議或海域自由航行	多角行動 雙向對棋
系統	政治經濟 外交軍事	中朝邊境部署重兵、戰術導彈	握有龐大美國國債 北韓、伊朗核爭議 中東亂局

伊朗核武爭議也有關鍵性的影響力。

第五章曾經提及英國管理學者奧斯汀「談判的策略矩陣」。川普就任後的施政目標是以振興美國經濟和創造就業為優先，當前為樹立起在亞太的地位，也必須化解北韓的導彈威脅。習近平為穩固其政權地位和國際的影響力，也對川習會有其政策的需求。所以，從談判的決策來思考，以和為貴的轉移（alter）策略應是優先決策，在制止北韓導彈部分，則應是聯合（ally）和贊成（accede）兩手策略並行。

明辨談判性質的「實」與「虛」

談判的實虛指的是裡子和面子。裡子是實，面子是虛；但是，對談判者而言，它所代表的卻不是那麼絕對的實虛真假，面子大於裡子的情況經常存在於談判的現實之中，裡子是談判最需要的結果，也才是國家民眾最真實的收穫。

談判的實虛中最常存在的是語意解釋的不同，特別是東西文化的差異和政治結構的不同，經常導致談判者必須各自對其國內群眾「表演」圖譜意象和政治意義。

虛：握手、排場與做足面子

談判前、談判時或談判後在媒體面前的鏡頭，經常都是一場刻意的演戲，裡面有主角配角的爭奪，有主動被動的先後，更有許多小動作、小排場和小道具的算計，或者一些出其不意的尖酸話語。

以這次川習會為例，北京方面最在意的是什麼？答案是「握手」。一張照片勝過千言萬語，所以且不管習川會談什麼議題，中國方面首先要確定的是怎麼握手。

根據中國時報〈關鍵密碼：習川怎麼握手〉一文，美國媒體分析說，兩國官員安排習川會的各項細節時，中方第一優先的考慮是「握手時，絕不能讓習近平尷尬」。川普上任以來與重要的外國領導人會面，握手幾度成為國際新聞，例如川普緊抓著日本首相安倍的手長達十九秒，而且右手握著，左手還輕拍安倍的手背，好不親熱。終於握完了，安倍那種「總算結束了」的表情傳遍全世界。

相反地，德國總理梅克爾與川普見面，攝影記者一直嚷著要兩人握手，梅克爾也低聲詢問川普，但川普始終充耳不聞。兩個極端俱令人為難，中方絕不願見到這種令習近平大失面子的場景。

實：聲東擊西，得到目標利益

川普談判一向採取「買牛先買馬」的聲東擊西策略，談判時不會一開始就顯示他的真正目的，而且善於蒐集制服對手的關鍵資訊，深入了解對手的主要關切點。例如川普想向A富豪長期租用一塊土地，談判首局拋出的議題卻是強勢要求購買那塊土地，川普早已了解年邁富豪最希望保留不動產給下一代，而不是巨額現金，富翁為了力保土地資產，最終讓步同意長期出租。談判結果川普好似沒有達成初期採購目標，其實他並沒有失敗，還贏得真正想要的目標——長期承租土地。

川普利用要與台灣友好，向中國叫陣，應該是在運用老招「買牛先買馬」的聲東擊西，累積未來與中國談判的籌碼。

他山之石

懸崖勒馬的核戰衝突——美蘇古巴飛彈危機

一九六二年冷戰時期，在美國、蘇聯與古巴之間爆發了一場極其嚴重的政治、軍事危機。事件爆發的直接原因，是蘇聯在古巴部署飛彈，這個事件被看作是冷戰的頂峰和轉折點，在世界史上，人類從未如此近距離地從一場核戰的邊緣擦身而過。為什麼美國總統甘迺迪與蘇聯總書記赫魯雪夫，在彼此一場幾近核戰邊緣的衝突中，最終能以相互妥協收場？

當時的美國總統甘迺迪和蘇聯總書記赫魯雪夫在這場武力對峙中的折衝，其實堪稱一場經典的高難度談判，其中涉及對語意的解讀、心理的判斷和決策的思維。古巴飛彈危機從談判決策的視角，有三點格外值得重視：

一、探究古巴危機過程中，甘迺迪與其智囊就恫嚇（deterrence）與妥協兩種不同決策產生的機制，以及在何種情境下，前者會推翻諮詢小組軍事攻擊古巴的主張。

二、解釋「語言」與「非語言」訊息在外交管道上的運用，並解析訊息的「真實性」與「侵略性」面向，在語言與行動個別與交互影響下的可能意圖。

三、透過國際情境、決策菁英及訊息傳遞三個層級分析，探究甘迺迪的恫嚇策略與之後妥協政策背後的決策動機。

事件背景

一九六二年，蘇俄為了鞏固卡斯楚的政權，協助建造祕密飛彈基地，且供應飛彈，但被美軍偵查出來，六月二十二日美國總統甘迺迪在一次全國性廣播中將此事公開宣告，要求蘇俄撤回在古巴的飛彈，否則將予以炸毀，同時宣布美國進入緊急狀態，並下令海空軍嚴格檢查古巴的武器輸入。俄國提出美國撤出土耳其的飛彈做為交換條件，遭到拒絕。雙方僵持不下，差點引發另一戰爭。

最後，在取得美國保證不進攻古巴後，蘇俄同意拆除飛彈，由聯合國祕書長監督拆除。

危機前夕的決策歷程

一九六一年，甘迺迪和赫魯雪夫第一次在奧地利首都會面，但這一次的會晤並未順利地建立起兩人的基本情誼。

當時，這位蘇聯的領導頭目六十七歲，是一名身經無數政治鬥爭的老手，發現年輕的美國總統既脆弱又無經驗，於是逕向甘迺迪和美國挑釁。

甘迺迪和他的同僚猜測赫魯雪夫的動機何在，他們堅信赫魯雪夫的地位受控於蘇聯政府中同僚間的吹毛求疵，懷疑赫魯雪夫在古巴大膽的舉動是為了強化自身地位，用於對抗國內競爭對手。

在飛彈危機之前，甘迺迪已經逐漸關切蘇聯在古巴日益壯大的影響力，並對首腦人物卡斯楚與美國政府利益相衝突的政策感到憂心。一九六一年一月，前總統艾森豪斷絕與古巴的所有外交關係，因為古巴與蘇聯關係日益密切。三個月後的豬玀灣事件，更迫使美國陷入艱難的政治窘境。

美國部分來自軍方的委員主張，立即轟炸古巴飛彈基地、飛機跑道以及雷達基地。他們認為蘇聯應不致因美國的行動而向美國宣戰。

最後，解決方案是由美國駐聯合國大使史帝文生（Aldai Stevenson）所提出：如果蘇聯撤走古巴的飛彈，美國也將放棄位在古巴的軍事基地關塔那摩，並撤走位在土耳其的飛彈。

美國政治學者艾利森（Graham T. Allison）在《決策的本質》（*Essence of Decision*）中提出了三種決策模式，列舉如表7-5。

情境：影響菁英決策模式的重要關鍵

甘迺迪和赫魯雪夫的這場對峙，就談判而言，也是一場「語言」與「非語言」訊息的政治角力。

一、國際情境面向（見表7-6）

●赫魯雪夫於六月二十三日聲明，無法認同美國「海上封鎖」的片面決定，也希冀美方展現審慎態度，並聲明放棄可能對世界和平造成毀滅性結果的行動。

●從「威脅認知」的角度而言，甘迺迪與「執委會」成員認為赫魯雪夫譴責美國「海上封鎖」為一高度挑釁的訊息，並擔

表7-5　決策的三種模式

決策模式	主要內容
理性模式	●傳統決策模式的代表，基本主張：決策者可將需要解決的問題加以孤立，不與底限問題發生關聯 ●解決該問題的所有目標或價值均可確定，有關的事實與資訊均可蒐集得到 ●找到所有解決問題的替代方案 ●所有的替代方案均可依其價值、優劣、重要性排出優先順序 ●決策者必定選擇列為最優先的替代方案
政府政治模式	●決策主要影響因素：權力分立的制度、說服他人的權力、處理事件過程的議價協商協定、權力均等對結果之影響、國內與國際關係 ●相當類似「賽局理論模式」
組織行為模式	●明確組織結構、組織文化對決策之深刻影響 ●決策時必須慎重思考組織文化與組織效率對決策產生之重大影響

憂蘇聯船艦可能強行突破海上隔離線前往古巴。

●由「恐懼受辱」的面向，赫魯雪夫於信中要求美方在「海上封鎖」決策應展現謹慎的外交辭令，似乎在心理層面上傳達輕慢之語言訊息。

二、決策菁英面向

●美軍二十四日上午十點實施海上封鎖之行動，等於傳達出戰爭的訊息。若是如此，則甘迺迪「海上封鎖」政策將面臨蘇聯軍艦的直接挑戰。

●對於極力避免與蘇聯核武對抗的甘迺迪而言，陷入兩難的局面：若即刻以武力反擊，則一場原先不欲引發之核武戰爭或將引爆；然若任由蘇聯軍艦通過而不採取攔截行動，則美國非但國際聲望盡失，其後採取恫嚇的外交訊息策略亦將宣告失敗。

表 7-6　情境因素的思考角度

情境因素 1	情境因素 2	情境因素 3
威脅的認知	受辱的恐懼	集體迷思
●被威脅的一方認為對手訊息之敵意具有攻擊能力時，將動員國家資源以捍衛國家之利益或承諾。 ●若國家領導人不確定對手的意圖時，國家將感受到被威脅的逼迫感。	●國家領導人擔憂面臨與過往相似的受辱經驗。 ●領導人國際情境之認知，影響危機中的雙方如何看待彼此，並因而形塑各自決策。	●集體迷思（groupthink） ●認知局限（cognitive limitations） ●錯誤認知（misperception）

●二十四日海軍情報顯示，接近古巴海域封鎖線的蘇聯船艦都已停止繼續航行，這表示美國在恫嚇的過程中略占優勢，使得白宮認知威脅的情境似乎稍事停歇。

●這一行動使得甘迺迪主張，或許赫魯雪夫亦希冀透過外交途徑解決此一危機，並逐漸對「執委會」強硬派的軍事攻擊主張產生質疑。

三、訊息傳遞面向（見表7-7）

●美方二十四日「海上封鎖」政策的執行，屬於「非語言」訊息。由該訊息「侵略性」的角度觀之，因其「行動」展示侵略意圖，故必須具有使對手相信此一威脅乃為真實意圖的表現。

●「非語言」訊息隱含訊息的不可逆性質。「海上封鎖」行動不但展現訊息中侵略性的強度，呈現甘迺迪政府捍衛

表7-7　訊息傳遞的意義與本質

訊息傳遞	訊息意涵	訊息類型
「正式」 「非正式」 訊息傳遞的「意義」、「意圖」及「動機」	「侵略性」 「真實性」 雙方將其意欲的訊息傳達給對方，並從而探究對手可能的回應行動與真實意圖	「語言」 「非語言」 展示其威脅的意圖 使敵人感受其強制的威嚇壓力 訊息經常涉及武力的展示

資料來源：Graham T. Allison, Philip Zeilikow, Essence of Decision: Explaining the Cuban Missile Crisis.

美國聲望的決心；也暗示若對手仍執意硬闖封鎖線，美方將被迫必須以武力回應以維護承諾。

●甘迺迪二十五日的信件中，傳達美國要求蘇聯盡速撤離飛彈與堅持海上封鎖行動的決心。透過這封語言訊息的傳達，甘迺迪說明美國並非是挑起此次危機之始作俑者，並在結尾時指出：「這些事件將導致彼此關係惡化。」另一方面，在信件中故意不提蘇聯船艦停航所傳遞不欲危機升高之訊息，甘迺迪企圖透過「語言」訊息中之「不作為」行動使對手疑惑，以便試探赫魯雪夫傳遞更為清楚的訊息。

●甘迺迪交互運用「語言」與「非語言」之兩種訊息模式，以便清楚說明要求蘇聯立即停止任何將造成核戰的威脅，其決心不容質疑與挑戰。

共識：訊息中的故意不作為

一、國際情境面向

●赫魯雪夫即刻於二十八日透過廣播聲明接受美方的建議。由於雙方均未提及U-2事件，只涉及美國另一架偵察機侵犯蘇聯北部邊界之事，這代表美、蘇領導人有意忽略此一突發事件，以便傳達相互理解與諒解的默契。

●赫魯雪夫希冀美方必須謹慎處理，特別是當兩國正經歷令人焦慮的危機中。赫魯雪夫在訊息中的「不作為」意圖，傳達其對U-2被擊事件事前並無所悉，並暗示甘迺迪切莫採取令雙方遺憾的軍事回擊。

●儘管赫魯雪夫未提及U-2被擊事件，但卻提醒甘迺迪在一九六〇年時的U-2擊落事件，導致巴黎會談中斷。

●此一外交訊息與不待華府收得信函即逕自於電台廣播撤退飛彈之舉動，傳遞希冀在時間的壓力下，結束這場幾近核戰邊緣的危機。

二、決策菁英面向

●相較於U-2擊落事件所傳遞的高度威脅訊息，儘管赫魯雪夫二封信函似乎矛盾，但至少傳達其嘗試解決危機的意圖。

●甘迺迪認為美國無可迴避地必須處理赫魯雪夫公開信所提出飛彈交換的建議，並認為這是以和平方式結束危機的最終手段。

●當甘迺迪十月二十八日得知赫魯雪夫透過廣播回覆，將撤離部署於古巴之飛彈時，參謀首長聯席會仍對赫魯雪夫的信函抱持高度懷疑，並主張應於二十四小時內對古巴發動空中攻擊，但甘迺迪最終接受了赫魯雪夫的妥協聲明。

三、訊息傳遞面向

●甘迺迪回覆赫魯雪夫之信件中說明，儘管尚未收到蘇聯正式文本，依然即刻回覆其所關注的議題。

●此處甘迺迪選擇不待赫魯雪夫的正式信函抵達華府而即刻回覆的行為，傳達了意欲尋求解決危機的急迫性，並彰顯其訊息「真實性」的程度升高，同時「威脅性」強度降低。

●自十月十六日起至二十八日止，造成兩國多次外交衝突的古巴危機，因美蘇雙方相互妥協而由戰爭邊緣拉回。

動腦時間：眾說紛紜的導彈危機

一、面對古巴導彈危機，你會採取怎樣的決策模式？為什麼？

二、面對一群智庫參謀所提不同意見，各有不同解釋及堅持，你該如何處理，以確定是正確資訊？

實用工具

規避「團體迷思」的十個步驟

在決策過程中，由於成員傾向讓自己的觀點與團體一致，因而令整個團體缺乏不同的思考角度，不能進行客觀分析。一些值得爭議的觀點、有創意的想法或客觀的意見不會有人提出，或是在提出之後，遭到其它團體成員的忽視及隔離。

團體迷失又稱集體錯覺，成員會相信：「要是我們的領袖及整個團隊堅信這項計畫可行，那麼幸運就會站在我們這一方。」接著，便會產生「全體同意」的錯覺。

美國心理學教授詹尼斯（Irving Janis）對團體迷思提出的防範方法如下：

一、群體成員懂得群體思維現象的原因和後果。
二、領導者應當保持公正，不要偏向任何立場，防止形成不成熟的傾向。
三、領導者應該引導每一位成員對提出的意見進行評價，應鼓勵提出反對意見和懷疑。
四、應該指定一位或多位成員充當反對者的角色，專門提出反對意見。
五、時常將群體分成小組，並將他們分別聚會，然後再以全體聚會的形式交流分歧。
六、如果問題涉及與對手群體的關係，則應花時間充分研究一切警告性資訊，並確認對方會採取的各種可能行動。
七、預備決議後，應召開「第二次機會」會議，並要求每個成員提出自己的疑問。
八、決議達成前，請群體之外的專家與會，並請他們對群體意見提出挑戰。
九、每個群體成員都應當向可信賴的有關人士就群體意向交換意見，並將他們的反應反饋給群體。

十、幾個不同的獨立小組，分別同時就相關問題進行決議（最後決議即在此基礎上形成，以避免群體思維的不良影響）。

談判決策的良窳決定結果的成敗。決策來自於群體智慧的發揮，它是經由一個開放、坦誠的互動過程所累積的結果。

當你身處一個具有高度共識的團體，即使其它成員都不想聽，你也一定要在談判的過程中勇敢表達出自己的意見。

請細心探求所有未言明的假設前提。在緊急的狀況下，就算冒著被團體掃地出門的風險，也要挺身而出，直言不諱。

倘若你是某個團體的領導者，那麼請你指定某位成員擔任在大家都有高度共識時，提出不同意見的「魔鬼代言人」。他鐵定不是團體裡最受歡迎的人物，不過或許是最重要的人物。

動腦時間：從川習會中借鏡決策關鍵

一、談判的現實是兩大之間難為小。首次川習會固然未觸及一中政策；但是，兩岸關係仍是中美日台間敏感的議題。針對未來，台灣政府應該做哪些談判的準備呢？

二、川習高峰會對於工商界的談判也很有參考價值。你認為有哪些決策和策略在併購談判時值得借鏡？

第八章 談判的跨界

◆核心摘要◆

許多跨國企業因為不了解跨界文化，而在投資、行銷、商務乃至營運上吃了大虧。跨文化溝通是談判裡最敏感的部分，稍不加注意，就可能踩到它難掩的痛處。

- **文化（culture）**：人們用以解釋經驗和產生社會行為的知識，包括：它對價值的形成、態度的創造和行為的影響。
- **跨文化（cross culture）**：一個文化和另一文化或多個文化間的相互溝通。不同文化存在著溝通的障礙，包括：語文、字意、形意、認知等等的不同。
- **多元文化（multi-cultural）**：跨國企業的興起帶動了對跨文化溝通和管理的重視，多元種族的人工作、生活在一起，引起對彼此態度、價值觀、習俗、信仰等差異的注意和求同存異。

在ＩＢＭ時，我發現文化不只是遊戲的一部分，文化本身就是遊戲。追根究柢，組織不過就是展現人員創造價值的集體能力。

——葛斯納（Louis Gerstner），前ＩＢＭ董事長

一七九三年（乾隆五十八年），英王特使馬戛爾尼一行人謁見乾隆皇帝，提出政治和商務貿易上的要求。他們在來華之前對清朝的認知，是依據馬可波羅的印象，認為中國人是「全世界最聰明、禮貌的一個民族」：

●萊布尼茨說：「他們服從長上，尊敬老人，無論子女如何長大，其尊敬兩親猶如宗教，從不作粗暴語……。」

●歌德說：「在他們那裡，一切都比我們這裡更明朗、更純潔也更道德。」

●伏爾泰透過《中國孤兒》這樣表達他對中國人的看法：「孝順忠信禮義廉恥是我們立國的大本。」

但是，這次的謁見，因為雙方文化、語言和禮儀種種的認知和社會差異，使得英方所提的任何要求都不被清廷接受，留下了東西歷史上的遺憾，也導致後來的中英鴉片戰爭。香港中文大學教授王宏志寫的論文〈「張大其詞以自炫其奇巧」：翻譯與馬戛爾尼的禮物〉，有精闢和獨到的見解。

馬戛爾尼送給乾隆的一個禮物

跨文化溝通是所有跨國企業都很關注的焦點問題之一。《跨文化商務溝通》（*Intercultural Communication in the Global Workplace*）作者瓦爾納（Iris Varner）解釋，文化是指語言、道德倫理、文化偏好、文化價值觀等因素在跨文化商務溝通中的影響，還包括了跨文化溝通中的法律因素和政府因素。例如，語言和身體語言中的動詞除了表示行動，在某些文化裡其實也代表階級的上下尊卑等更多的弦外之音。

馬戛爾尼親自寫給乾隆皇帝一封信，把英國國王的意思用自己的語言表達了出來：

「大不列顛國王請求中國皇帝陛下，積極考慮他的特使提出的要求。」該封信的主要內容，大大小小可以總結為七條：

一、允許英國在京開設使館。
二、允許英商在舟山、寧波、天津等沿海港口通商貿易。
三、允許英商在京設立貨棧。
四、請於舟山附近指定一未設防小島供英商居住、存放貨物。
五、請在廣州附近，允許英商獲得上述同樣權利。
六、由澳門運往廣州的英國貨物務必免稅或減稅。
七、公開中國海關貿易稅法。

動腦時間：談判的「動詞」出了什麼錯？

馬戛爾尼信中的七條要求的動詞，出了什麼文化認知上的問題？你看出來了嗎？

談判前，你想過彼此的差異嗎？

對於中美文化差異，美國交通部長趙小蘭，這位華裔傑出女性這樣說：「中國人思維的方式，是你必須在陳述一件事先說明它的上下前後關係。美國的文化則是非常直接和單刀直入的。」（Chinese way of thinking is that you have to give context...American culture is very transactional!）

不只文化差異，在教育觀念也有很大的不同，趙小蘭說：「中國人強調強化弱點，如果發現自己哪裡弱，就想辦法進步改進，但美國人不在乎弱點，他們會說，我數學不好沒關係，但是我喜歡歷史，所以將心力全投注在歷史上，歷史就非常強。」

這堪稱非常值得人深思的兩段話！

當布希總統的部長期間，她就看到了中西文化的差別。一次布希總統會面中國代表團，原本只預計短暫會晤便離開，但趙小蘭當時就勸他應該留下來，跟代表團每個人握手、拍照，因此布希總統跟所有人握手合影後才離開。

趙小蘭說，美國其實很有誠意想了解亞洲，但文化的差異與禮節上的不同，可能會在過程中造成誤會，趙小蘭扮演的不僅僅是勞工部長，甚至可以說是肩負促進跨文化的互相了解任務。

東西雙方到底有哪些文化的差異？

INSEAD教授法爾考（Horacio Falcao）指出，談判時一定要考慮到文化因素，例如談判對手的教育或宗教背景，然而，很多人卻不是低估、就是高估了跨文化因素。

國際談判的研究最常見的層面就是文化，特別是在過去二十年當中，研究文化對於談判影響的數量急遽增加。塔夫茨大學弗萊徹法律與外交學院教授薩萊克斯（Jeswald W. Salacuse）在《領導領導者》（*Leading Leaders*）中指出，文化的概念有不同的解讀，但標準的定義可說成為一個族群的代表意象，他們經年累月的共同信仰、習俗和精神，也可以說是他們共同認定的生活、工作的方式和價值觀。

當安隆公司還是石油公司的時候，它失去了印度的一份重要合約，因為政府當局覺得談判進展得太快。事實上，這份合約的損失也體現了文化差異在國際談判中巨大的影響力。對於其中一方的談判代表來說，時間就是金錢；而對於另一方，談判的速度越慢，也會體現對方越高的信用度。

國際商業貿易不僅跨越國界，同時也跨越文化。文化深刻地影響著人們如何思考、交流和行為，同時也影響著人們進行交易和協商的方式。

全球文化的巨大差異使得任何談判者都不可能充分了解所有可能遇到的文化，無論談判技巧多麼嫻熟，經驗多麼豐富。美國學者麥克米蘭（Palgrave Macmillan）指出，有十個複雜的跨文化因素，深深影響著談判的

表 8-1　左右談判的跨文化因素

談判因素	文化回應範疇	
談判的目標	合約	關係
談判的機會	分配型	整合型
談判代表	正式	受託
社交禮儀	不正式	正式
溝通方式	直接	間接
時間的敏感度	高度	低度
風險傾向	高度	低度
團體和個人	集體主義	個人主義
協議的性質	特定的	一般的
感情用事	高度	低度

過程和認知，國際談判者應該好好了解其中可能出現的誤解，以下列舉如表8-1。

談判目標：合約還是關係？

美國人傾向於把談判的進行看成是提議或反提議的競爭過程，日本人傾向於把它看成是資訊分享的機會。因此，重要的是，談判時要確定你的對手如何看待談判目的。對重視關係的談判代表，只有提供一個低成本選擇不足以做成這樁生意，還必須說服他們，你們雙方有建立長期利益關係的潛力。如果對方只是想簽合約，而你卻試圖建立關係，可能只是在浪費時間和精力。

談判態度：勝負或雙贏？

雙贏的談判者把談判看成是一場合作，一起解決問題的過程；勝負談判者則認為這是一個對抗的過程。北美談判者傾向於把談判看成是分配型；然而，其它地區未必如此。當你進行談判，重要的是要知道坐在你桌子對面的是什麼類型的談判者。

INSEAD教授法爾考指出：「談判者需要真正了解對手，並以此做出相應的策略和技巧調整。談判只有兩種文化，競爭還是合作，換句話說，不是敵就是友。」他補充，談判的目標是要建立雙贏局面，建立長期戰略合作關係，創造更大價值。這需要投入一定的時間和精力，但最終風險小了，成功的機率也大了。

個人風格：正式或非正式的？

德國人比美國人的風格更加正式嚴謹。一個正式風格的談判代表會堅持稱呼對方的職位，避免聊天內容涉及對方個人私事和其它談判小組成員的私人生活。一個非正式風格的談判代表會試圖直呼其名，以迅速尋求建立一個私人友好的朋友關係，並且在談判正式開始的時候脫去外套，捲起袖子。

《讓對方得利，自己更開心的雙贏談判術》（*Good for You, Great for me*）作者蘇斯金（Lawrence Susskind）指出，文化規範在談判中的作用比我們想像的要少，但每個個體的背景、技術、風格以及經驗比廣泛的文化傾向更為重要。人類學家試圖記錄下在國際雙邊對話中，比如巴西與德國的談判、美國與中國的談判，發現談判者要妥善解決具體的跨文化談判障礙，難度其實很高。

交流禮儀：直接或間接的？

歐洲國家較拘謹，認為稱呼對方、未用頭銜是近乎侮辱的行為。對於名片遞送、彼此握手和衣服穿著的方式，也受到談判者不同的解讀。

在重視直接的文化裡，如美國或以色列，你可以指望建議和問題得到明確的回應。在依賴間接溝通的文化裡，比如日本，你的建議可能會透過看似含糊的意見、手勢或其它暗示獲得。埃及人認為以色列的直接具有攻擊性。以色列人則認為埃及的委婉是一種不真誠的表現，不是在表達他們真正的想法。

對時間的敏感程度：高還是低？

熱帶地區民族對於時間的步調要比溫帶地區緩慢。中國及拉丁美洲談判時重視議題的程度大於時間。美國人盡量把需要辦理的手續降低到最低限度，迅速地完成一件事。日本和其它亞洲人的目標是建立關係，而不是簡單地簽訂合約。

哈佛大學教授梅爾（Erin Meyer）指出，學習對方的文化可以建立信任。有些國家的談判人員基於對對方的成就、能力有信心，因而建立信任；在有些國家，信任則來自於情感上的親近感。簽署書面文件時也要小心。在有些國家，生意往來較重視建立關係，契約內容的細節較少，而且可能沒有法律約束力。

風險承擔能力：高還是低？

日本人強調獲取大量的資訊，並且在他們複雜的集體決策過程中傾向於規避風險。美國人相比之下是願意冒風險的人；歐洲人則比較保守。

團隊組織：一個領導者或團體的共識？

有些文化喜歡擁有一個談判代表團隊，而不僅僅是一個談判代表。美國人偏向個人主義，日本人偏向團體主義。在中國可能要跟團隊的每一成員分別談判好幾天。法國人、阿根廷人和印度人傾向認為，交易達成是一種自上而下的過程；而日本人、墨西哥人和巴西人傾向把它看成是一個自下而上的過程。

談判風格的另一個不同則出現在「向下構建」和「向上構建」的意見分歧。「向下構建」指在談判開始就會把雙方都同意的條款都加進去；「向上構建」則是先從一份能夠擴充和添加額外條款的簡潔合約開始。美國人傾向於向下構建，而日本更傾向喜愛向上構建。

協議的形式：粗略或詳細？

無論是談判的目標是合約或關係，交易談判幾乎都會以某種書面協定的形式表現出來。文化因素會影響各個組織的書面協定。

在美國，協議是按照邏輯，而且制式化。在中國，先要有備忘錄才能進入正式談判。美國人更傾向於預見所有可能出現的情況和發生的情況，無論這些情況多麼不可思議。中國人喜歡大概的規則，而不是用具體規則的形式簽訂合約。

情緒化程度：高還是低？

情緒常在談判中被當成工具之一來運用，而且跨文化的差異很大，必須留意。拉丁美洲人習慣於在談判桌上表達自己的情緒，而日本和其它許多亞洲人則會隱藏自己的感情。不同的文化有表達情緒不同的規則和方式。談判者應設法去了解他們。

《談判地圖》（*The Culture Map*）作者梅爾說，千萬不要以為正式的商務簡報一定是「一法通、萬法通」。萬變不離其宗的，是你一定要事前了解你的聽眾，並且設法掌握你的聽眾。如果要用一句話為跨文化溝通與管理做個小結，那就是「不要認為凡事都是理所當然」。

實用工具

遇上風險規避對手的談判步驟

面對風險規避型的談判對手，該如何讓交易談判繼續呢？以下是幾個可考慮的步驟：

一、不要急於談判進程。談判推進得太快會提高其中一方對於風險的敏感度。

二、把注意力放在提案的規則和機制，減少另一方的可見風險。

三、確保對手應該充分掌握關於你、你的公司，以及交易相關的資訊。
四、努力專注於建立雙方互信的關係。
五、考慮調整一下談判步驟，逐步談判協定中的具體內容，而不是一次協商所有事。

文化差異的地圖

荷蘭鹿特丹管理學院ＭＢＡ的第一門課，就是文化差異。老師放出一張圖，要同學講出自己看到了什麼。

亞洲同學大部分會形容圖片的全景：池塘、水草和裡頭的魚；西方人則多半只看到圖中的主體，也就是魚。

亞洲人能以全面的環形角度來看待事物；西方人則是偏向直線式的思考邏輯，直接專注在單一焦點上，以及講求優先順序的排列。

思考模式反應在溝通方式上，東方人習慣迂迴地講話，先試探水溫，再考慮下一步該怎麼說；西方人則大多開門見山地溝通，直接破題。

荷蘭和德國人大概是走直線邏輯的極致，講話出了名的直。如果跟荷蘭朋友講話不明白了當，他們會疑惑地看著你，想知道你到底要說什麼。

例如，在談到你的工作經歷時，他們會問：「你之前負責過哪些專案？」亞洲人往往會很直覺地平鋪直敘回答：「我們做了這些那些事情。」此時，荷蘭人就會覺得問題沒被回答到，會接著再問一次：「所以你在這些專案中，到底扮演了哪些角色？」

因為對於重視個體的西方人來說，他們想了解「我」在這些項目中做為一個個人的角色及貢獻，也就是我的付出對團隊創造了什麼樣的價值。

東西思維模式的不同對談判的影響

東西方思維方式的差異，主要體現在辯證思維與邏輯思維上：學者們常常用辯證思維來描述東方人的思維方式，用邏輯思維或者分析思維來描述西方人，尤其是歐美人的思維方式。

正是因為思維方式取向的不同，在不少情況下，東方人和西方人在對人的行為歸因上往往正好相反：美國人強調個人的作用，而中國人強調環境和他人的作用。心理學家彭凱平等人研究了美國人和中國人對兩起謀殺事件的歸因，就發現中國人傾向於把事件歸因於周圍的環境，而美國人則認為是兇手本人的特徵造成的結果。

辯證和邏輯思維模式的不同，對人們的心理和行為產生了廣泛的影響：東方人的認知多以情境為中心，西方人則多以個人為中心；東方人以被動的態度看待世界，西方人以主動的態度征服世界。不同國家的人們，在思考事情的模式上也有不同。

談判思維

歸納對方文化習慣中的談判模式

要進行跨文化談判，撇開語言隔閡外，還要進入對方的思考邏輯，邏輯對了，就可以理解對方為什麼這樣說，否則講了老半天，還是沒完沒了、各說各話。

多語言和社會理論家劉易斯（Richard D. Lewis）以「跨文化交際的劉易斯模式」而

聞名。他在《當文化發生衝突時》(*When Cultures Collide*)一書對跨國職場溝通提出很多清楚又實用的眉角，你可以先從歸納對方的談判模式開始，如下頁圖所示。

實用工具

讓文化差異成為你的致勝籌碼

我們與世界各地的人合作得越來越多，因此跨文化談判也越來越普遍。西班牙IESE商學院的企業家精神講師梅達(Kandarp Mehta)認為，儘管我們很容易拘泥於文化差異，但實際上，更加明智的做法是在談判中關注文化上的相似性。不要剖析不同國家之間的社會差異，相反，應該關注具體城市內部形成的「微文化」，以及具體公司所接受的談判風格。與此同時，家族企業進行交易時，可能比大公司更重視等級制度。

「剛開始的時候不要理會文化因素。」梅達建議道。

加拿大溝通管理教授格雷厄姆(Bruce John Graham)也從跨文化的角度，對有效進

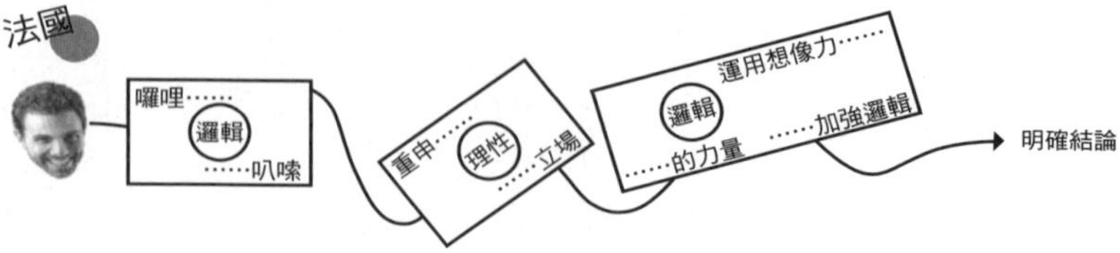

法國
囉哩……
邏輯
……叭嗦
重申……
理性
……立場
運用想像力……
邏輯
……的力量
……加強邏輯
明確結論

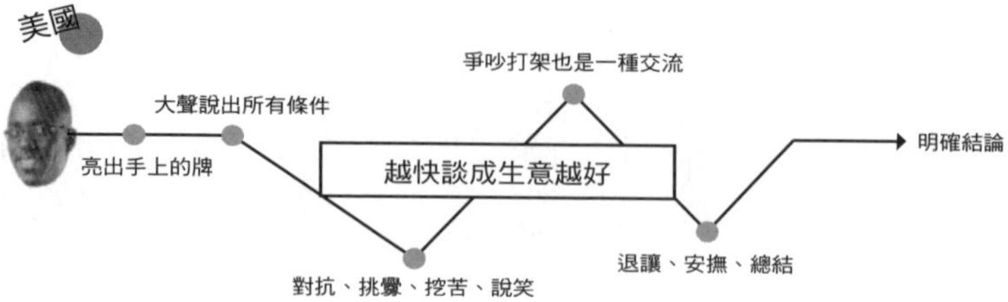

美國
亮出手上的牌
大聲說出所有條件
越快談成生意越好
爭吵打架也是一種交流
對抗、挑釁、挖苦、說笑
退讓、安撫、總結
明確結論

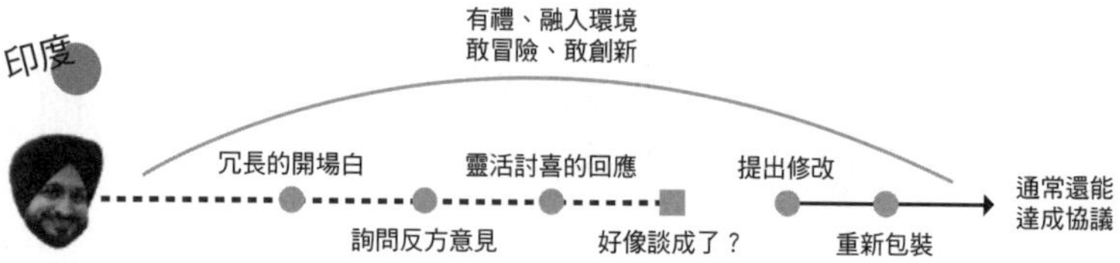

印度
有禮、融入環境
敢冒險、敢創新
冗長的開場白
詢問反方意見
靈活討喜的回應
好像談成了？
提出修改
重新包裝
通常還能
達成協議

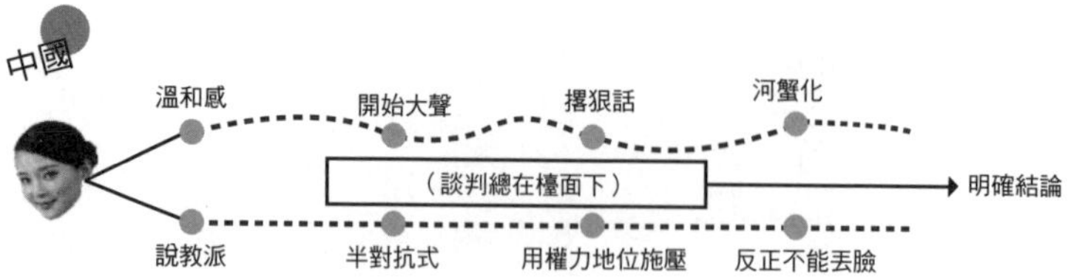

中國
溫和感
開始大聲
撂狠話
河蟹化
（談判總在檯面下）
明確結論
說教派
半對抗式
用權力地位施壓
反正不能丟臉

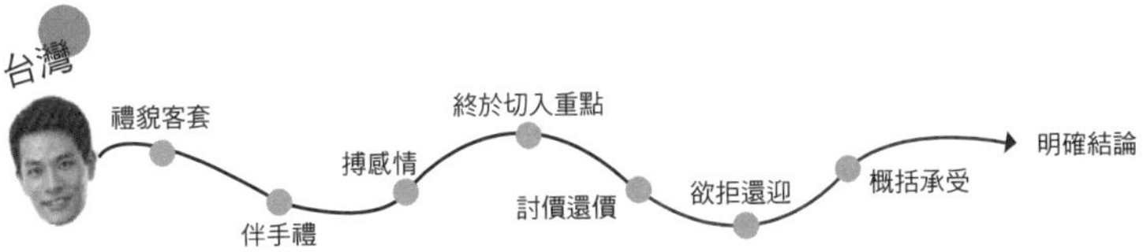

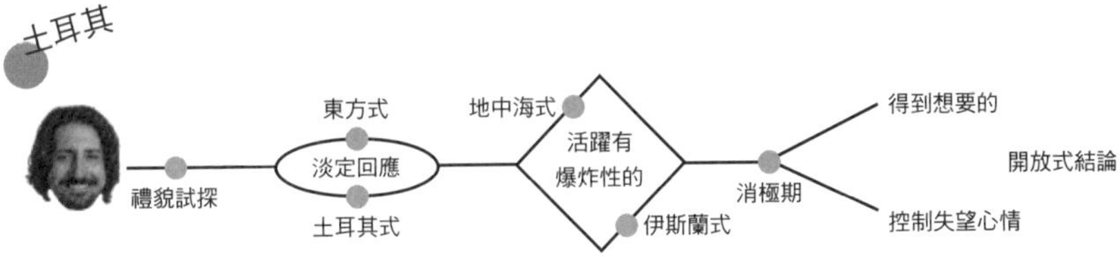

資料來源：Richard D. Lewis, *When Cultures Collide.*

行國際商務談判，提出改善自身談判技能的幾個方法：

了解對手的文化

為了有效地進行跨文化的談判，做為一個國際管理者，更應當努力學習與盡可能多了解不同國家的文化特點。了解談判的文化，可以減少由於文化造成的談判問題。改善國際談判的第一步是，了解文化差異性對談判風格的影響。

研究談判對手的談判風格

了解談判對手的談判風格，至少包括以下幾個方面：

一、了解談判對手對談判性質的看法。對於利益取向型的談判者，應當採取以利益誘導為訴求的談判目標；對關係取向型的談判對手，應當採取以建立關係為訴求的談判手段。

二、了解談判對手的溝通風格。不同國家的談判者在溝通方面具有明顯不同的特徵。

三、了解談判對手解決衝突的方式。在跨文化談判過程中，經常會出現談判雙方衝突的現象，包括直接衝突，也包括間接衝突。有效地管理跨文化談判中的衝突現象，特別是了解不同談判對手在解決衝突過程中的偏好與取向，是引導談判成功的基本要求。

四、了解談判對手的決策風格。了解不同談判者的決策風格，是為發現在一個談判小組中誰具有最終的決策權。這對於制定正確的溝通與說服策略具有重要的意義。

五、了解談判對手對社會地位與身分的看法。「對等原則」是談判過程的主要原則。在政府之間的談判中，對等原則也是一個重要的禮儀原則。但是，在公司與公司之間的商務談判中，出於文化的差異性，不同國家的談判者對「對等原則」的理解也是不同的。

格雷厄姆認為，能在跨文化的談判過程成功的談判者，最重要的特徵是：

- 具有良好的傾聽技能。
- 人際取向而不是任務取向。

- 願意得到談判小組的協助。
- 高度自尊。
- 強烈的抱負。
- 具有吸引力的個性。
- 守信。
- 在自己的公司中具有影響力。

他山之石

可口可樂瓶裝水慘遭滑鐵盧

「可口可樂」（Coca Cola）這家飲料界的天王，一九九八年在法國、德國、英國、比利時等歐洲市場慘遭滑鐵盧的困境，可說是漠視跨國文化差異而致行銷溝通失敗的典型案例。

可口可樂雖是礦泉水飲料的後來者；但在美國市場，卻以「Dasani」的品牌快速竄起，在一年多的時間裡，就急起直追，成為僅次於百事可樂（Pepsi）的第二大市場占有者。

打鐵趁熱絕非壞事。可口可樂想趕快進軍歐洲市場，建立更為穩定的國際競爭優勢。他們認為，歐洲消費大眾的健康意識興起，光是一九九八年，礦泉水銷量就成長了三倍，預估一九九九年的銷售總額可以達到十九億美元之多。國際各大礦泉水品牌，例如：Perrier、Aquarel、Evian、Volvic也競相加入戰局。

可口可樂面對歐洲新市場，把產品定位在高階飲料，售價次於Perrier；廣告上，投下近三千萬美元強調過濾、純化製程的複雜性，產品被美國太空總署（NASA）指定使用，而且含有特殊的礦物成分——硫酸鎂（magnesium sulfate）。

然而，Dasani在歐洲市場的銷售並沒有起色，特別是在法國市場，高階市場受制於文化和習慣差異很難打進，低階市場又已經飽和，它的競爭變成夾心餅乾，高不成低不就。雀巢（Nestle）反而對於百事的Aquarel比較有信心，認為它的中價位礦泉水會是Dasani的最大競爭者。

可口可樂仍在歐洲礦泉水市場奮戰不懈；然而，要贏得此一戰役並不容易。

動腦時間：可口可樂為何打不進法國市場？

洞悉跨國文化差異是商務談判的要務。可口可樂在對法國礦泉水之戰中，犯了哪些跨文化認知的錯誤？

洞悉跨文化的談判風格

在談判時，先了解對方文化的差異和特色是必要的功課，特別是在溝通習慣、時間觀念、社會行為上的差異。在過程中有哪些步驟有助於明確其中的模糊地帶，並且降低錯誤呢？

一、不要太快判定談判對手的家鄉文化。一些傳統的判定元素，包括姓名、外表特徵、腔調和居住地都不盡可靠。對手可能是跨文化出身。

二、西方常有「行動」（doing）導向的偏見。在阿拉伯、亞洲、拉丁美洲，人們則傾向關注「存在」（way of being）的意義，認為友誼的感覺、想法和對話的價值大於行動。

三、不要認為文化的所有觀點都顯著而明確。例如在日本，和相關團體協商決策的重要性實際上大於送禮。

四、外人對特定文化的認知，和圈內人彼此的實際互動往往是有差別的。

五、不要高估你對談判對手的文化了解，時時保持該有的客氣和彈性。

此外，對於討價還價的行為（Bargaining behavior），由於文化的差異也各有極端行為、承諾、威脅、語意和非語言等行為上的不同。它所形成的個別談判風格如表8-2所列。

表8-2　跨文化談判風格

元素	美國	日本	阿拉伯	墨西哥
團隊組合	市場導向	功能導向	專家組成	友誼導向
成員人數	2-3	4-7	4-6	2-3
空間傾向	競爭、對抗	和諧	階級	友誼
時間觀念	任務、短期	和諧、長期	長期、信任	長期、家庭
訊息交換	文件式、步驟	密集、簡明	少談技術	多講友誼
說服工具	時間壓力、損益	組織聯繫	客氣轉換	社會意識
語言使用	直接、開放、緊迫感	間接、欣賞、合作	情緒化、宗教化	尊敬、親切
出價方式	公平、加減5-10%	加減10-20%	加減20-50%	公平
包裹交易	加入包裹交易	不再讓步	減25%	加入獎勵因素
決策過程	高階	集體	組織建議	資深
決策者	高階	中階共識	資深經理	資深經理
風險承受	個人責任	低階責任	宗教基礎	個人責任

橘逾淮為枳：別讓相互調整反而導致文化衝突

跨文化的差異確實是國際談判中非常隱性而且敏感的部分，稍不注意，很容易在口頭或身體語言方面產生不必要的誤解。

我們有次和德國企業談判，在晚宴上特別點了水煮豬腳，以為和德國豬腳相似，是件頗有創意的用心，結果才發現原來不是每一地區的德國人都喜歡德國豬腳，何況是台灣的水煮豬腳。

橘逾淮為枳。人們的民俗、習俗、喜好和價值觀等等隨著地區的不同而不同，而且非常不容易有非常深入而透徹的了解。那麼，怎麼辦才好呢？我們根據多年談判的經驗，提出如下幾個簡單易行的建議。

謙虛、謙虛、再謙虛

雖然在談判之前，你已經用了很多的心研究對手文化的差異；但是，實務中仍常見的風險是，它可以導致我們對每個人的行為誤存著刻板印象。例如，依靠從國際談判手冊中蒐集到的定型化觀念，你可能會期望德國對手是非常刻板和準時的，或者墨西哥談判代表能夠熱情溝通和融洽會談。

這種定型化的觀念事實上不可能適用於任何特定的個人。此外，文化只是我們身分和行為的一個要素專業、成長經驗、個性和環境，也會深深影響我們的談判風格。

謙虛是降低文化差異誤解的調解劑。萬一我們在談判中誤踩了文化差異的紅線，謙虛的表現將能夠化險為夷。

求同存異

滑鐵盧大學教授阿達爾（Wendi L. Adair）研究美國和日本的談判差異時發現，談判者經常希望對手能夠像在家裡進行談判一樣，能夠充分適應外國的環境。但諷刺的是，當談判者試圖分享訊息和相互勸說時，這種相互的調整反而常常導致文化的衝突。

假設巴西和德國人談判，巴西人可能會期望德國人想要速戰速決；同時，德國人也許會認為巴西人會想花點時間來建立關係。如果巴西人試圖匆忙談判，以達成德國人的期望，德國人反而會感到失望。誤解反而是出於細心和貼心的美麗錯誤，求同存異是其中一個好的解方。

拋開時間的壓力

事緩則圓確實是談判中的高招。哥倫比亞大學教授莫里斯（Michael W. Morris）發現，當面臨著時間的壓力時，談判者更有可能被文化的定型化觀念所誤導。而當我們受到定型化的觀念約束時，仔細分析的能力會下降。減輕談判的時間壓力，經常做些輕鬆的轉換和休息，可以增進彼此的互相了解，鼓勵更深層次和富創意的思考。

有經驗的談判核心技能之一，是考慮談判議題更廣泛的背景。哈佛商學院教授巴澤曼（Max H. Bazerman）指出，在地區的政治、社會、經濟和法律都快速變化的今天，影響談判的因素複雜而且多元，談判者在國際談判中的廣泛思考，能夠有效超越文化定型化的誤解。

早做一些準備

在談判之前，經由事前的電話、郵件、信函等溝通主題、議程和可能的一些想法等等，以從中了解對方的可能想法及偏好，並據此做些推測、假設和情境的推演。

別輕易跳過假設和前提

任何結論一定有它必要的歷程，談判的結論尤其如此，不能便宜行事，特別是任何的讓步都不能淪為廉價的談判。如果你對某人的言行舉止有產生文化誤解的可能，應該清楚地再提問一次，不要自行推論。

不要賣弄學問

官大學問大的現象普遍存在高階的官式談判中，特別是在談判每一階段的開頭和結尾時。他們常常賣弄學問、經歷、學歷和權力，說話更經常可以簡單而不簡單，可以清楚而不清楚，經常無端引起不同文化的誤解，是談判的大忌。

第九章 談判的倫理

◆核心摘要◆

談判既然也是一種博弈，那麼它可以不擇手段，只為求取自己最大的勝利嗎？

商業談判中，談判雙方最終達成協議、簽成合約時，是否都能問心無愧？從倫理道德的角度來探討商業談判，是再怎麼詭計多端的談判策略，都不能偏離的主軸。

倫理衝突在談判的利害權衡中永遠是兩難的抉擇。談判的倫理之難，在於不能只在既定的立場所提出的規定或規範中，鼓吹談判者何者應為或何者不為。

談判倫理的兩難困境有是非、善惡、真假、惡意、無心，而道德涉及效用、公平、正義、權力。倫理是做對的事，但邏輯為何？談判中可如何加以應用？雙效檢驗，乃是一條不滿意但可以接受的倫理之路。

> 地球上最有力的武器，是人類熾熱的靈魂。
>
> ——法國陸軍元帥費迪南．佛克（Ferdinand Foch）

談判既然也是一種博弈，那麼它可以不擇手段，只為求取自己最大的勝利嗎？

二〇一五年冬季的晚上，一家中國公司連續兩天遭遇歐方談判對手趾高氣昂的壓力後，決定放手一搏，引用元世祖成吉思汗的一段戲劇故事，提醒他們倫理在人類社會中的重要性。這個故事就是十八世紀法國大文豪伏爾泰寫的《中國孤兒》（*The Orphan of China*），一部藉著中國經典故事——《趙氏孤兒》「借外諷今」的戲劇創作。沒想到，這種迂迴的暗喻居然奏效。

談判倫理的兩難困境

談判是和魔鬼交易嗎？馬洛（Christopher Marlowe）寫的《浮士德博士的悲劇》（*The*

tragical History of Doctor Faustus），值得我們在談判的倫理議題再三深思。

浮士德是歐洲中世紀傳說的著名人物，學識淵博，精通魔術，為了追求知識和權力，毅然背叛了天主，以自己的靈魂換取役使魔鬼二十四年的權力，期滿後被魔鬼劫往地獄。

浮士德的交易，又稱為魔鬼交易（Deal with the Devil），按照傳統基督教對巫術的解讀，魔鬼交易要在人類和撒旦或其它惡魔之間簽署，由人類以自己的靈魂換取惡魔的恩惠。在不同的故事中，惡魔提供的誘惑不一，但通常包括青春、知識、財富或權力。

「與魔鬼交易」作為隱喻，可以用來比喻一個人或群體與邪惡的集團合作。有個爭議的例子是以色列人魯道夫・卡茲納（Rudolf Kastner），在一九四四年的匈牙利猶太人大屠殺期間，與納粹官員阿道夫・艾希曼（Adolf Eichmann）合作，點燃了大眾的怒火，最終遭到刺殺。

談判中常見的情境是，你的談判對手經常詭計多端、鬼話連篇，而且不時地耍詐、要脅，甚至做出一些無賴的行徑，令你禁不住怒火中燒。

談判是是非、善惡的選擇，也是真假、虛實、詭詐的對弈遊戲。對手經常遊走在法、理、情和道德、倫理交織的紅海中，你有時面對緊迫龐大的利害衝突的壓力，也不免興起道德何價的疑問。

商業談判中，我們經常發現談判者為了使自己的利益最大化，而採取不合道德規範的策略，比如不自覺地誇大事實甚至製造虛假情況；特別是當談判者選擇用強權、霸道或資訊優勢來壓倒對方時，更可能使用不合倫理的談判策略。

你應該何去何從？

沒有什麼比談判的定義更簡單，也沒有什麼比談判的範圍更廣。滿足欲望和需要是談判的動機。談判的過程就像在一張繃緊了的網中，運用情報及權力來左右的行為。

美國學者尼南伯格（Grand I. Nierenberg）如此說。

談判的倫理約束不是談判進取的障礙，它絕不制止談判策略與技巧的運用，合法的談判策略與倫理道德是不矛盾的。談判中的倫理觀不提倡透過不誠實或欺詐的行為來達到自己的目的，但也不反對在談判中精明與靈活地運用策略，因為這並不違反倫理規則。

談判中的倫理禁忌在於：一切能使談判無效、合約無效或撤銷，甚至引起訴訟、索賠的行為。因此，倫理不僅不應成為談判者的羈絆，恰恰相反，談判者的進取精神應成為談判倫理觀的主體精神。這種進取精神表現在談判者既要謀求雙方的一致，又要盡力爭取己方的利益，實現互利、雙贏。

談判者不可能從談判初始便呈現完全的「真」與「實」，談判的過程正是一個去偽存真、由虛到實的轉化過程，而談判倫理亦是在這個轉化過程中實現和完成。沒有完成這個轉化，則不是正當的、合乎道德的談判；完成了這個轉化，就是正當的、合乎道德的談判，談判倫理亦得以確立。

荷蘭學者羅伯特（Robert Van Es）在《談判倫理》（*Negotiating Ethics*）書中說：「談判倫理最基本的道德網中，包含著人類追求幸福（interests of well-being）、自治自主（autonomy）、政治自由（political freedom）、社會責任（standard social roles）和共同利益（focal interests）。」

本章整理古今中外相關的倫理觀點，並加以整理出如下的倫理主要原則，做為談判者參考和行動的依據，如表9-1。

影響談判道德行為的四種要素

密西根大學教授霍斯默（LaRue Tone Hosmer）等人，提出了影響談判道德行為的要素，並根據多年實務談判經驗，選擇出利潤效用、公平競爭、社會正義和自然權力，做為在談判必須優先考量的四種要素。

利潤效用

在我們的經濟體系中，追求利

表9-1　談判倫理的主要原則

原則	倡議者
自利 Self-Interests	普羅泰戈拉（Protagoras,490-420BC） 德謨克利特（Democritus, 460-370BC）
個人品德 Personal Virtues	蘇格拉底（Socrates, 470-399BC） 柏拉圖（Plato, 427-347 BC） 亞里斯多德（Aristotle, 384-322BC）
宗教信仰 Religious Injunctions	眾多信仰的早期宗教作家
社會治理 Government Requirements	霍布斯（Hobbes,1588-1679） 洛克（Locke, 1632-1704）
功利效益 Utilitarian Benefits	邊沁（Bentham,1748-1832） 彌爾（Mill, 1806-1873）
全球責任 Universal Duties	康德（Kant, 1724-1804）
分配正義 Distributive Justice	羅爾斯（Rawls, 1921-2002）
個人自由 Contributive Liberty	諾齊克（Nozick, 1938-2002）

潤是企業經營的基本原動力，利潤也是促使個體進行談判的動機。大部分的不道德行為發生於市場或企業中，也有許多欺騙事件存在於人與人之間的談判過程中。在經濟體系中，應該用什麼標準來判斷商業行為是否合乎道德？利潤最大化的動機本身是不道德的嗎？或只是會引導不道德的行為？這些都得在談判中考量。

公平競爭

社會上存在不同的競爭行為，競爭行為雖然無法避免，然而道德和商業競爭行為並非全不相容。任何競爭行為都需要道德標準的約束，談判時如果只有強調競爭，卻不考慮公平、公正、合情、合理等道德因素，勢必危害雙方長期的合作關係。

公平性可用來檢視談判的結果、過程，甚至談判的制度或規定。談判結果的公平性取決於如何分配。談判的公平性分別架構在均等（均分利潤）、公平（貢獻越多，分得越多）及需要（各取所需）的不同基礎上。雖然談判者通常被建議使用客觀的標準，但談判者不能因此不盡力追求。

社會正義

大家都是社會人，政府、社會和企業都不是生存在真空之中，必然在個人利益追求的同時，充分考量到社會大眾的公平和正義。

自然權力

天賦人權、環境權、生存權、飲食權、動物權乃至文化權，都應被公平對待和高度尊重。

談判者採用這些不同類型的倫理判斷準則時，同時也決定了談判戰術的選擇。然而人們判斷其使用的談判戰術是否合乎道德，並非十分清楚。當談判者遇到利益與道德兩難的困境時，可從自然法則的遵循、欲望實現的強度、功利主義的追求、社會公平正義的維護等幾個觀點去抉擇。

動腦時間：美牛問題引發的恐慌

談判者面對狂牛症引發的消費者恐慌及騷動，必然會陷於談判者倫理和風險管理的兩難困境。你認為，談判者可以如何面對及處理？

小提示：

以日本為例，第一，騷動是因為民眾認為「危險」，但卻沒有經過定量或科學的辯論，來判斷到底有「多」危險，就直接決定全數檢驗或禁止進口。第二，國際普遍只檢查三十月齡以上的牛隻，政府在強大民意壓力下，對外談判卻常要求全數檢查。第三，日本食品安全機構雖然聲明「如將危險部分去除，只檢查二十一月齡以上牛隻即可」，但各級地方政府及民眾仍要求全數檢查。

另外，從風險管理來看，天底下只有定義上的零風險，不存在實質上的零風險。管理者為了達到不切實際的零風險，就會花很多不成比例的時間、物力和金錢，並不符經濟的效用。

談判者面對民眾的安全和風險的情緒，可以如何運用科學技術的說明責任，來改善此一錯誤認知？

談判的五個道德誤區

當談判者進行協商過程中，雙方為顧及到自己本身最大的利益，有時會做出一些違背常理的行為，甚至為了圖利而不擇手段。想一想這種常有的情境：

一個地主出租了一棟建築物給一個玩具商。租約到期後，地主跟玩具商要求現在的房租必須比之前的加收一萬美元。玩具商覺得地主太過坑人，立刻予以否決。此時地主就跟玩具商說，如果他不立刻答應，那棟建築物就會被另一個人租走。玩具商聽了只好答應。

事隔多月之後，其實當時並沒有別人要租這棟建築物，那只是地主想要獲取更大的利益，而編出的一個謊言。後來，經過法律訴訟，玩具商成功控告地主詐欺。

這種例子在現今社會中不算少數。而這方面的問題也牽扯到道德倫理的議題。不是所有人在談判時都是公正無私的，很多人會因為自己的私心而做出違背倫理道德的行為。

談判中違反倫理的行為是有法律約束的。以美國合約法為例，對於訊息是否真實地表達，有相關的法律約束，如果超越談判倫理界限而觸及法律，可以構成起訴詐欺的要件：

一、對重要事實的錯誤陳述。
二、被另一方所依賴。
三、進行錯誤陳述時即已知道其虛假性。
四、具有欺騙的意圖。
五、為另一方造成損失。

當然，五個因素的判定中仍有某些空間，讓談判者在倫理與法律之間找到迴旋的餘地。談判倫理是理性的道德推理，也是價值意識的產物。在談判的實務中，可以成為具有指導性的理論，也可以是實踐之後認識或追求的結果。

什麼時候允許欺騙和說謊？

社會心理學研究顯示，人們會說謊，而且經常說謊。人們平均每天會說一、兩次謊，談判人員也不例外。一九九九到二〇〇五年的研究判斷，交易談判人員如果有說謊的動機及機會，大約有半數的人會說謊。一般來說，他們把說謊視為取得優勢的方式；雖然這樣做實際上可能造成反效果，而且會阻礙有創意的問題解決方式，無法促成雙贏交易。

欺騙是指用不誠實的行為去贏得利益或優勢。說謊則是做了說者知道它是虛假或非真實的陳述，錯誤引導他人，而知識和欲念是說謊概念的核心。

因此，如果運用在談判上，我們可以說，欺騙是不符合社會倫理的行為；但是，說謊卻是在談判中被允許的策略。在談判的哪些狀態或情境下，說謊是被准許的呢？它其實可用圖9-1「談判倫理兩難的雙效檢驗」做為解方。

談判中常見的詭計

哈佛大學談判專案中心創辦人費雪，將談判中常見的詭計策略分為三類：故意欺騙、心理戰術和在立場上施壓。這三項雖然從純倫理道德的觀點皆為可以議論的行為，但在談判的策略運用卻被大家認為情有可原、無可厚非。談判者要非常小心你的對手可能隨時在運用同樣詭計。這裡將常見的詭計策略詳細說明如下。

故意欺騙

最常見的卑鄙手段要算對事實、許可權以及意圖的歪曲。最老套的談判詭計應算是對事實做

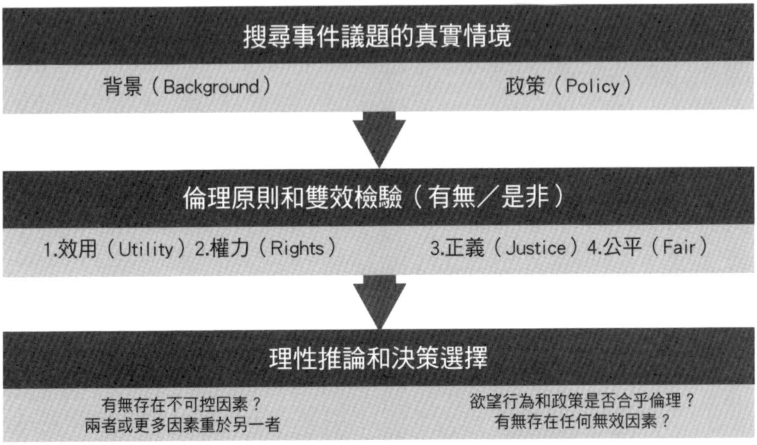

圖9-1　談判倫理兩難的雙效檢驗

出明顯虛假的陳述，例如：這輛車只行駛了五千英里，車主是從帕薩迪納來的老太太，她駕車時速從來沒有超過三十五英里。被虛假陳述蒙蔽會帶來很大的危險。談判者一定要清楚，對方沒有充分揭露事實並不等於欺騙，那可能是他的一項策略。記住，誠信協商並沒有要求全面揭露訊息。

心理戰術

這種手段就是為了讓你感覺不舒服，使你潛意識裡希望盡快結束談判。例如對於談判地點是在你方還是在對方那裡，或是選在中立地點這樣不起眼的問題，你應該表現得更敏感一點。必要的話，你也得中止談判離席而去。

但是如果你真要讓對方選擇談判地點，要留意他們的選擇以及可能帶來的影響。問問自己是否感覺緊張；如果是，為什麼。是房間太吵？還是房間裡太熱或太冷？是否你無法與同事進行私人交談？假如是，那你要警惕。這也許是對方的故意安排，好讓你覺得必須盡早結束談判，從而做出不必要的讓步。

另一種有欺騙性質的心理施壓方式是使用黑白臉戰術。黑白臉唱雙簧是一種心理操縱，看穿它，你就不會上當。

模糊權限

對方可能誤導你以為他們像你一樣擁有決定權，等他把你壓榨到一定程度，以為雙方達到明確共識時，忽然宣稱必須回去請示上級。

進行任何交涉以前，要先掌握對方有多少權力。如果對方的答案曖昧不清，你一定得採取當機立斷的釐清權限和保留底限的行動。

人身攻擊

對方還可能用各種言語或非語言的交流使你感覺不自在。他們可以品評你的衣著和外表：「看起來你好像一夜沒睡，工作不順心嗎？」他們可以用讓你等候或中斷談判去處理其它問題的方式，來貶低你的地位。他們也會暗示你的無知。他們可以不聽你說話，然後再讓你重複剛才的話。認清對方的伎倆，將它挑明，可以阻止對方再次使用類似的伎倆。

要脅

誠意在談判中經常是靠不住的。如果你發現對方遵守約定的誠意不明，應該馬上提出更改談判方式或誠心地和對方討論。

談判中使用得最多的詭計就是要脅，要脅就是施壓。這種討價還價的計策是營造某種聲勢，只使一方做出有效讓步。一九七九年十一月，美國外交官和使館人員在德黑蘭被扣押為人質，伊朗政府提出了釋放人質的條件，拒絕進行談判。律師也經常採取同樣的做法，他們會扔給對手律師一句話：「咱們法庭上見！」

當對方拒絕談判時，你該怎麼辦呢？首先要認識到這一招是談判的一種手段，目的是把同意談判做為討價還價的籌碼，以獲得實質上的讓步。

實用工具

預防謊言的五種實用方法

哈佛商學院副教授約翰（Leslie K. John）在《如何跟說謊者談判》（*How to Negotiate with a Liar*）中指出，「防範謊言」在談判中是很重要的。但避免被騙的最佳策略是把重點放在預防謊言，而不是偵測謊言。他提出有效預防謊言的五項手法：鼓勵互惠、問對問題、留意迴避行為、別老想著保密、培養洩漏資訊的機會。

鼓勵互惠

人們很容易對向他們透露消息的人提供回報：某人和我們分享機密資訊時，我們的本能是跟對方一樣坦白。阿吉斯（Alessandro Acquisti）、魯文斯坦（George Loewenstein）、艾倫（Arthur Aron）、塞迪基德斯（Constantine Sedikides）、史威瑟（Maurice E. Schweitzer）和克羅森（Rachel Croson）的多項研究顯示，只是跟人們提到別人洩漏祕密，就會鼓勵互惠行為。

啟動互惠行為的一個好方法是，先就一項具有策略重要性的問題透露資訊；因為對方可能會分享同一範疇的資訊。例如，想像你正在銷售一塊土地，它的要價取決於開發方式。因此，你可能會告訴一位潛在買主，你賣地是要讓這塊地獲得充分利用。這可能促使她透露她的計畫。至少，你是在鼓勵一項與利益相關的對話，而這些利益，正是建立互惠交易的關鍵。這項策略有額外好處，那就是讓你能夠引導談判走向，進而提高你找到突破點的機會。

問對問題

大部分的人喜歡認為自己是誠實的，但許多談判人員會保留機密資訊，因為他們認為那些資訊可能減弱自己的競爭地位。換句話說，他們會藉由忽略、不主動提供相關事實來說謊。例如，有個人準備出售事業，但明白有項重要設備需要汰換，而外人並不知道這個問題。對他來說，隱瞞那項資訊似乎不道德，但他可能覺得，只要避開那個話題，他就可以收取較高的價格，同時仍保有本身的正直。他可能堅稱：「如果買家問起，我會說出事實！」

明森（Julia Minson）、魯迪（Nicole Ruedy）和史威瑟的研究指出，如果提問者做出悲觀的假設：「這項事業很快就會需要一些新設備，對吧？」而不是樂觀的假設：「設備的情況良好，對吧？」人們就較不可能欺騙。相較於否定一項正確的陳述，確認一項不正確的陳述，似乎讓人們更容易說謊。

留意迴避行為

機智的談判對手通常會答非所問，只回答自己想被問到的事情，藉此規避直接的問題。可惜，我們天生就不擅長識破這種迴避行為。就像羅傑斯（Todd Rogers）和諾頓（Michael Norton）發現的，聆聽者通常不會注意迴避的行為，因為他們已忘記自己原先問了什麼問題。其實，有說服力的迴避，比切題但說話含糊不清的回答，來得讓人印象深刻。

但如果聆聽者接收到提示，要記得問本來要問的問題，那麼看穿閃躲行為的能力就會提升。例如，在說話者回答時，如果問題很明顯浮現出來，聆聽者就會想起該問的問題。因此，在談判時有種做法很不錯，那就是攜帶一份問題清單來到談判桌，清單上保留一些空間，讓人寫下對手的回答，在每一次獲得回答後，花時間考慮這項回答，實際上有沒有提供你想要的資訊。如果有，你才可以進行下一個問題。

別老想著保密

我們努力向人保證，會維護他們的隱私和機密性時，實際上可能會引起他們懷疑，讓他們變得沉默。美國國家科學研究委員會（National Research Council）調查顯示：提供保護的承諾越大，人們回答的意願越低。

強大的隱私權保護可能使欺騙行為增加。此外，面對用不經意的語氣、而不是正式語氣提出的問題時，人們較可能洩漏機密性資訊。

假設你和一位應徵者面談，而且想評估他的其它工作選項的優勢：他是否得到其它條件相當的工作邀約？如果你想盡量減少機密保護的承諾，轉而以不在乎的口氣提出問題，他可能會比較坦誠。例如，你可以說：「大家都知道，優良的企業多不勝數，你有可能考慮其它工作地點嗎？」當然，你還是應適當保護你獲得的任何機密資訊，但除非被問到，否則沒理由刻意說出你會保護機密。

培養洩漏資訊的機會

人們會不慎洩漏資訊，而且方式五花八門，包括在自己提出的問題中洩漏消息。例如，假設你負責某家公司的採購事務，準備和一家保證在六個月內交貨的供應商簽署一份合約。在簽約之前，供應商問你，如果延遲交貨會怎麼樣？這個問題可能很單純，但也可能暗示，他對能否如期履約感到擔心，所以你需要注意一下。

精明的談判人員了解，即使是對手看似無關或即興的言論，都可以蒐集到寶貴的消息，就像審訊人員從嫌疑犯口中套出一些話，這些話包含一般大眾不知道的事實。

即使你的對手決定隱瞞資訊，還是可以慫恿對方洩漏資訊。一系列實驗發現，人們較可能無意中洩漏曾參與機密行為的資訊，而不是明確表示自己曾參與機密行為。

在談判時，你可以運用類似的間接策略來蒐集資訊。例如：

一、提供選擇給你的談判對手：讓他們從均分利益的兩種不同方式（但你都可接受的組合）中做選擇。如果對方偏好其中一種，他就是在洩漏本身優先考量的資訊，並讓你洞悉他對待協商議題的相對評價。

二、要求對方同意偶發事故條款（contingency clause）：在聲明中附上財務後果，或許可以促使談判對手在無意間表明意圖。如果他對同意條款猶豫不決，可能是因為他在說謊。至少，若有這種反應，你就應該要進一步調查。

比方說，假設你的公司正在協商要收購一家小型新創公司，對方提供的銷售預期，讓你覺得太過樂觀，或甚至不可能達成。那麼，你就可以提議簽署偶發事故條款，條款內容把收購價格與新創公司達成的銷售期待相互連結。這會促使你的對手提供合乎實際的銷售預期，如果他的預期錯誤，條款就會保護你。

突破倫理困境的談判方式

商業談判中，我們經常發現談判者為了使自己的利益最大化，而採取不合道德規範的策略，比如不自覺地誇大事實甚至製造虛假情況；特別是當談判者選擇用強權、霸道或資訊優勢來壓倒對方時，更可能使用不合倫理的談判策略。

INSEAD教授法爾考指出，如果你選擇用強權，你的心理就是「我一定要贏，一定要不惜一切代價得到我想要的」；而一旦你有「不惜一切代價」的心理，你可能就已經陷入了倫理道德困局。針對各種倫理困境的談判方式，羅列於表9-2。

堅守透明與公正

關於事實的陳述，法爾考建議談判雙方透明公正地向對方提供資訊。如果對方要求的資訊會使我們處於不利地位，我們可以嘗試向對方提出幾個問題，比如：「為什麼這項資訊對你這麼重要？」或者：「我想這項資訊對我們繼續合作沒有什麼幫助。我建議我們談談你想從這項談判中獲得什麼？」

同樣地，如果對方把我們視為對手或敵人，談判過程中處處針鋒相對，我方應主動提出加強合作的誠意。堅守倫理準則所獲得的長期利益，大大超出短期的經濟利益。

表9-2　各種倫理困境下的談判方式

倫理困境	「雙贏」談判方式	「單贏」談判方式
事實的陳述	誠實地向對方提供資訊	撒謊、欺騙或隱瞞事實
談判策略	以價值創造為目標，透過良好的溝通開發更多的價值	以強權、霸道和資訊優勢操縱談判
談判雙方的關係	把對方視為夥伴	把對方視為對手或敵人
談判者和委託人關係	以委託人的利益為出發點	不惜犧牲委託人的利益來滿足自己的利益
社會利益和影響	正視社會利益和影響	只關注自身利益

勇氣是根本

如何做到堅守倫理準則？歸結到底是要有勇氣與決心。法爾考說：「勇氣是根本。如果你總是擔心在困難環境中會失敗，那麼你就無法提起勇氣來面對，因為你知道結果不會很理想。」在談判過程中，我們要不時反省，特別是當偏離道德規範時，要有勇氣及時糾正。

我們還需要有勇氣承認：有道德情操的人有時雖然是出於好意，但還是難免會做出偏離倫理界限的行為。在倫理的領域中存有價值觀念的「灰色地帶」，在這個經常高估自己貢獻和理念的地帶裡，人們有時無法正確認識到自己的倫理缺失。有一些人們認為可理解、可接受的思想和行為，其實卻觸犯了道德規範。

懂得放棄

符合道德規範的談判，奠基於同時具備價值談判的技巧和勇氣。一旦出現違背倫理的情況，談判者應該勇敢說不、從容應對，甚至放棄談判。

他山之石

讓成吉思汗動容的價值

二〇一五年，中國一家公司和歐洲一家跨國企業談判品牌授權合約，產生了糾紛。中國公司的一位新進總經理前往歐洲，和對方簽了一紙品牌華人市場總代理的三年合約，卻未按公司重大合約必須經董事會通過才生效的程序，即在當地舉行記者會宣布此一重大訊息。

此一合約因涉及多項公司無法充分執行的業務條款，董事會於是予以否決。歐洲公司便宣稱此一未獲執行之合約，加上其先前的記者會公開活動，造成其企業名譽和實質業務損失，即將採取法律行動，要求中國公司賠償數百萬美元。

歐方聘請了三人律師團，千里迢迢飛到香港和中國公司進行談判，態度非常強硬，開宗明義強調，若無法經由商務談判解決，將在歐洲提出法律訴訟。歐方公司的經理人也相當粗魯傲慢，甚至在談判桌上公然指著中國部門總經理叫囂，完全忘記了雙方如果有誠意討論可行的解決方式，未來仍有合作的空間。

中國公司和律師、公關等顧問團商議了兩天，確認歐方談判的目的只為求償；但是，他們的求償法律基礎十分薄弱，行徑更有違企業倫理，決定在談判結束前向歐方講述一段十八世紀法國大文豪寫的《中國孤兒》（*The Orphan of China*）中成吉思汗的愛情故事，表明中國對此案談判的倫理立場，也傳達對歐方粗魯談判行徑的不滿：

元太祖成吉思汗既征服中國，搜捕前朝遺孤甚急。舊臣張惕受皇帝託孤重任，將孤兒藏匿於家中，而獻出親生兒子代替。他的妻子伊達梅不忍見親生骨肉受辱，道出真情，要求領回。成吉思汗少年時到過中國，曾向年輕的伊達梅表達過愛意，但被拒絕，此番重見，前情復燃，要求迎娶伊達梅，並力勸其夫張惕歸順。

張氏夫婦寧死不屈，情願雙雙自刎，成吉思汗大為感動，急出阻止，並赦免孤兒，以為己子，張惕夫婦復歸團圓。

伏爾泰崇尚理性、智慧和忠誠。他把《趙氏孤兒》改編為《中國孤兒》，正是為了透過戲劇形象說明這種理性勝於感情，文明勝於野蠻，才智勝於無知的倫理。

中國公司在談判桌上特別利用影片播放了劇本前面的〈獻詞〉：「理性與才智跟盲目而野蠻的力量相比，具有天然的優越性。韃靼人曾經兩次證明了這一點，因為，在上個世紀初期，當他們再度征服這個偉大的帝國的時候，他們就又一次在智慧面前降服了。這兩個民族成了一個，歸化在這世界上最古老的律令統治之下，多麼驚人的大事啊，這就是我寫作這個劇本的主要目的。」

動腦時間：用倫理價值撼動談判對手

一、思考一下成吉思汗為何面對伊達梅的求婚拒絕，居然沒有殺她和其夫？伊達梅發揮了哪些令成吉斯汗動容的倫理價值？

二、歐方談判代表面對此一劇情的可能反應？中方應該做哪些情境推演及事先準備？

參考資料：魏澤福（Jack Weatherford），《成吉思汗：近代世界的創造者》（*Genghis Khan and the Making of the Modern World*）。

實用工具

鬼谷子的縱橫捭闔術

鬼谷文化興起於兩千五百多年前的春秋戰國時代，群雄紛起，強弱交戰，互相攻伐。蘇秦、張儀等師承鬼谷子傳授之「縱橫捭闔術」，遊說列國君王。鬼谷子說：「察之以捭闔，反古而求之。」他的折衝、識人、辨詐的縱橫捭闔天地之道，令人折服。

中華智財管理協會創會理事長陳明邦教授指出，鬼谷子的談判智慧直指人心，通天理，明事理，知人性；剖析事理內容架構嚴謹完整，邏輯思維周延縝密，已達現今人類思維最高境界「五度空間思維模式」。

鬼谷子在明辨詭詐部分提出的辦法是：「捭之者，料其情也；闔之者，結其誠也。」用「捭」的方式揚啟度料其心情，使之得意忘情，以知其心性。用「闔」的方式，壓抑自己心性，來迎得對方之結誠心意，相關做法重點如下：

變之

● 「因其疑以變之」：針對其疑惑的地方，加以澄清，說明而改變之。

● 「因其見以然之」：針對其所見看法，順和而然諾說之。

● 「因其說以要之」：就其說的論點，而接受其要之。

● 「因其勢以成之」：順著情勢，順水推舟而成全之。

● 「因其惡以權之」：對其憎惡不喜歡的地方，加以權量評估，如何彌補改善，權衡輕重得失處理之。

● 「因其患以斥之」：針對對方所憂慮之處，設法加以排除解決之。

動之

● 「摩而恐之」：揣摩對方當時狀況，必要時施以恐嚇，不談了，損害自己負責，以恐之。

● 「高而動之」：或以高捧，抬舉其崇高理想，而動搖其心。

● 「微而證之」：或再細心說理舉證，以說服之。

● 「符而應之」：若有符合我方之意，即加以回應而定調之。

●「擁而塞之」：若是情況敗壞不可治，那就是「取而代之」。

●「亂而惑之」：或已散亂迷惑了就放棄之。此即是計謀也。

計謀之用

●「公不如私」：使用計謀「公開」，不如「私下」進行。

●「私不如結」：「私下」計謀，不如「隱密」結合。

●「正不如奇」：計謀之進行，「正」不如「奇」，即「守常」正軌做法，不如出「奇招」。

第十章 談判的困局

◆核心摘要◆

僵局和迷霧是談判過程中常有的關卡，也是其中難解的困局。主因是，談判的局勢好像世界武力較量的棋盤，表面上只是兩軍的對峙和對抗，其實當中布滿著多邊合縱連橫的複雜網路。

僵局和迷霧大部分來自策略的運用，重要的關卡則出在心理上對於價格、價值和意義的不同認知。

- **僵局：**談判僵局是指在商務談判過程中，當雙方對所談問題的利益要求差距較大，各方又都不肯做出讓步，導致雙方因暫時不可調和的矛盾而形成的對峙，而使談判呈現停滯。
- **迷霧：**談判中對手故意丟出的情況、訊息及立場等不明的迷障。

現代社會合作的演化規律，歸納出合作成功的三大因素是：位置（與相鄰的人之間的互動）、信號（資訊傳遞）及聯合（形成社會網路）。

——斯科姆斯（Brian Skyrms），美國政治經濟學者

你要獵鹿？還是獵兔？這是法國啟蒙哲學家盧梭在《論不平等》中講的故事。獵兔，不合作的風險較小，回報也較小；獵鹿，要求最大程度的合作，回報也大得多。理性決策要考慮風險，也得考量互利，成功取決於合作態度與社會結構的共同進化。很多談判其實就像是共同合作的獵鹿行為，做起來，說簡單也簡單，說複雜也複雜，成功關鍵正是在於大家都知道兔子的價值遠小於鹿。合作獵鹿，人均收益高於個體分別去打兔子。

頭痛的是，假如一百人的規模，要想讓每個個體放棄野兔的誘惑來一起合作獵鹿，信任必不可少：一是對他人的信任，二是對公平分配的信任。

身處各種政治、經濟和社會壓力下的談判者，很容易為追兔而分心，加上四周不時

又有各方國際勢力的干擾，如何讓談判各方保持理性的訊息互動，不受一時情緒的渲染和短期利益的誘惑，要有些智慧。

談判過程的關卡和困局

因此，了解談判僵局出現的原因，避免僵局出現，一旦出現僵局即能夠運用有效的科學策略和技巧打破僵局，重新使談判順利進行下去，就成為談判者必須掌握的重要技能。而僵局出現的主因，可分為立場觀點的爭執、面對強迫的反抗、訊息溝通的障礙、談判者行為的失誤和偶發因素的干擾。

當前的國際關係和談判，經常因為有第三國或更多方勢力的介入，變得不像囚徒困境所言，不論同伴選擇招供還是不招供，自己的最優選擇都是招供；因為國際政治其實就像黑幫社會，被抓的小弟通常並不會選擇招供，因為他知道外面有戴墨鏡的大哥，如果他在裡面死扛，大哥會養他的老婆孩子；反之，老婆孩子則性命不保。

美國學者斯科姆斯認為理想的現實世界應該是獵鹿博弈；但是，真實世界的劇情是：如果大家圍在一起獵鹿，每個人都知道，忠於職守事關獵鹿成敗；但有隻野兔不巧從眼前經過，大家就會毫不猶豫地去追逐野兔。人和人的社會契約關係於是變成了無風險的獵兔，如何向風險及收益較高的獵鹿轉化的問題。無論雙邊或多邊談判的戲碼，皆常常出現這種僵局和迷霧！

僵局：錯綜複雜的動態

美國南加州大學馬歇爾商學院的管理與組織教授瑞爾登（Kathleen Kelly Reardon）是談判、說服及商業政治領域的專家。她在《談判贏家》（*The Skilled Negotiator*）描繪出的談判僵

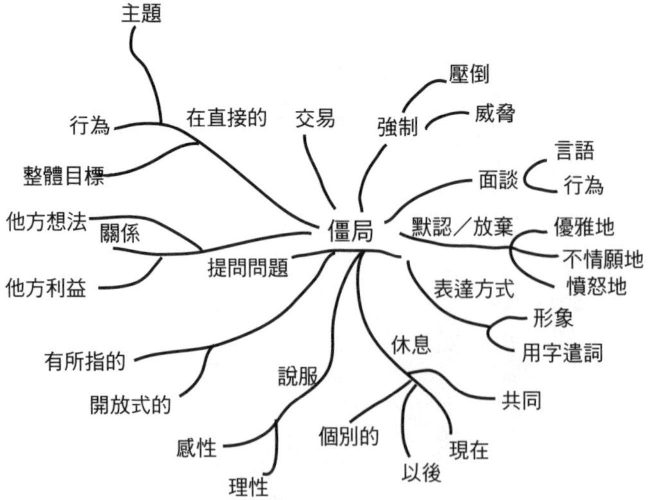

圖 10-1　談判心智圖

局，充分展現出僵局的動態複雜特性，見圖10-1。

他山之石

中東第四次戰爭的困局

一九七三年十月六日下午兩點五分，埃及與敘利亞分別從南北兩面，向以色列發動了先發制人的攻擊，第四次中東戰爭爆發。由於當天是猶太教中最神聖的一天——贖罪日，因此以色列也稱作贖罪日戰爭；戰爭的爆發也適逢阿拉伯人的齋月，因此亦稱作齋月戰爭。

《白宮密談》（*Crisis*）中，季辛吉（Henry Alfred Kissinger）以此贖罪日戰爭，披露了曾被列為最高級別機密的外交危機背後的祕辛。包括：季辛吉與以色列總理梅厄、以色列駐美大使蒂尼茨、埃及外長、蘇聯駐美大使、聯合國祕書長以及其它國家或組織的領導人之間的對談，當然也包括和美國總統尼克森之間的談話，隨著細節的披露，釐清了錯綜複雜的以阿衝突，揭開了美國應對外交危機的決策內幕，也讓世人看到當初他們

表 10-1　第四次中東戰爭談判的困局

僵局 +	迷霧 =	困局
蘇聯對此次戰爭的影響 ●蘇聯對第四次中東戰爭的政策，是在美蘇緩和與構建全球「反帝統一戰線」的大背景下制定的，蘇聯希望同美國和平共處，又期待擴大在第三世界的影響力，其對阿拉伯國家軍售是誘發戰爭的主因（Foy D. Kohler） ●蘇聯領導人布里茲涅夫在緩和（同美國尋求合作）與對抗（在以阿爭端問題上同美國發生衝突）之間一直處於矛盾之中（Raymond Garthoff）	阿拉伯國家與戰爭爆發內幕 ●埃及與蘇聯的戰略合作關係經多次挫折，但總體來看雙方的爭議是合作夥伴內部的歧異，兩國在利益層面具有相互依賴性（Saad el Shazly） ●埃及在戰爭初期取得重大勝利是因採取許多欺詐手段，包括1973年5月宣稱要對以色列發動先發制人打擊，讓以色列虛驚一場；而不斷釋放同以色列政治談判的煙霧，並利用以色列贖罪日發動襲擊等（Chaim Herzog）	石油武器與第四次中東戰爭 ●第四次中東戰爭爆發後，阿拉伯世界出現同仇敵愾的局面，埃及和敘利亞獲得了利比亞、沙特、伊拉克、科威特、阿聯酋等阿拉伯產油國的資助。 ●石油危機爆發後，英美特殊關係爆發危機，英國以及底限歐洲國家德、法、義為維護在中東的石油利益，不惜向阿拉伯國家示好，敦促以色列撤出1967年占領的阿拉伯人土地。這無疑給美國領導下的北約構成了巨大挑戰（Robert J. Lleber）
美國菁英與戰爭的危機管理 ●以阿戰爭不可能在短期內結束，美國將不得不重新武裝以色列，這激起了阿拉伯國家的憤怒，它們紛紛宣布對美國實行石油禁運，無疑損害了美國在中東地區的利益。（William B. Quandt） ●剛上任的國務卿季辛吉強調與蘇聯爆發核戰爭與核對抗的危險，盡力低調處理此次危機；尼克森總統由於深陷水門事件醜聞，傾向於高調處理此次危機，以顯示總統在維護國家安全的領導才能，提升嚴重受損的總統形象（Harvey Sicherman）	以色列與戰爭的發展過程 ●以色列總理梅厄生性固執，她對阿拉伯國家的立場並非基於理性，而是基於情感與直覺，認為阿拉伯人隨時會再次導演一場新的猶太人大屠殺（Avi Shlaim）	

如何突破僵局和迷霧的方法和策略，如表10-1。

以阿戰爭相關談判決策的制定過程，本身就是一場戰爭。在瞬息萬變的局勢中，面對蘇聯、以色列、埃及、英國，以及聯合國的外交官時，或誘哄、或安慰、或奉迎、或拖延，經常充滿著許多的僵局和迷霧。

談判的現實：變和不變性

牛頓科學的一大功績在於，他在千變萬化的現象中看出不變性。不變性即對稱性和守恆律，這是近代科學思維的一大原理。然而，人類生活和工作的大千世界中形形色色的問題，不僅僅是科學上的，常常還有意識形態上和心態模式上對於價值判斷的差異。達爾文的偉大之處在於，他從生物的多樣性中看出共同性，還從生物的變化及變異性中看出相關性和連續性。

人世間的事物都是有相互關係的，也相互制約及彼此競合。談判做為其間人類經由智力的文明溝通取代暴力的武力鬥爭，當然也存在著牛頓所說的不變性和達爾文所指出的相關性、變異性和連續性。

根據《白宮密談》，當時擔任國務卿的季辛吉穿梭在國際社會和各利害相關國家之間，面對各種由僵局和迷霧所組成的困局，採取的因應策略。以下引用美國賓州大學華頓商學院的講座教授謝爾（G. Richard Shell）在《理性的談判策略》（*Bargaining for Advantage: Negotiation Strategies for Reasonable People*）中的分析：

分配式談判（Distributive Bargaining）

當資源是固定的，而談判的重點在於資源如何分配，便是零和狀況，可以激發較多的談判策略，如圖10-2所示。

整合式談判（Integrative Bargaining）

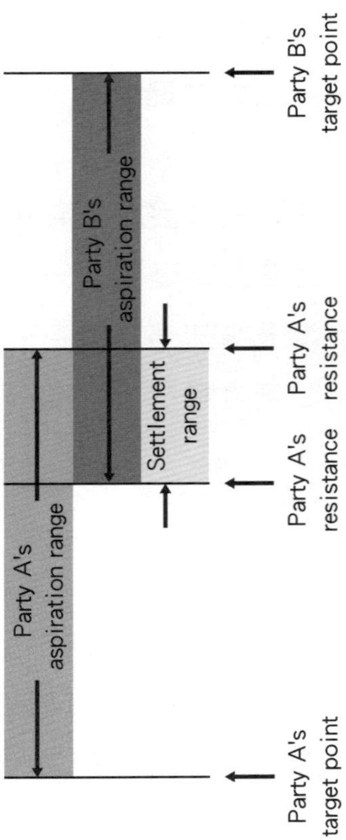

圖 10-2　分配式談判

當姊妹都要橘子，妹妹的目的是想喝橘子汁，姊姊的目的是用橘子皮做為烘焙蛋糕的原料。在商業的賽局裡，可能同時存在雙贏或人贏我輸的兩種可能性，也可能具有在把餅做大的契機。緊抓住此一附加價值，你就比較容易尋求及達成雙贏的協議。

我們可以如何促進整合式談判呢？謝爾提出的解決方法是：

一、以團隊方式談判，因為可以激發較多的想法。

二、在談判桌上討論較多的議題，因為可以讓雙方有較多的籌碼可以進行取捨。

三、不要太早妥協，因為如此會沒有機會以創意的方式找到對雙方都有利的方案。

季辛吉針對此次艱難的談判，認為要在準備規劃階

表 10-2　分配式談判及整合式談判

談判屬性	分配式談判	整合式談判
目標	取得盡可能最大的餅	把餅放大使得雙方都滿意
動機	Win-Lose	Win-Win
焦點	取得有利地位	兼顧雙方的利益
利益	對立的	相同的
資訊分享	低度	高度
關係的持續性	短期	長期

段釐清衝突的本質，以及相關的歷史背景。誰參與其中、他們對衝突的認知為何？自己想要達到的成果目標（最希望的、最低可接受的）？對方的目標？對方可能的要求？對方的有利地位？對方無形或隱藏的利益？對方可能會想要以什麼條件解決問題？據以發展談判策略。

其次，定義基本原則：釐清誰進行談判？在哪裡舉行？期限？談判的議題範圍？若無法達成共識該如何處理？而且，在交換意見或要求時，能夠澄清和解釋合理性的問題。

更重要的是，有時直接談判無法解決衝突，會需要尋求第三方的協助，包括：調停者、中立的第三方，藉由推理、說服、建議不同的解決方案等方式，促使雙方達成協議。仲裁者，有權力裁決協議方案的第三方。調解者，受到信任的第三方，做為雙方非正式的溝通管道。顧問，具有衝突管理能力、公正的第三方，透過溝通及分析的方式，改善雙方關係、促使雙方互相了解、互相合作，而使雙方能夠自行達成協議。

談判思維

突破心理認知的藩籬

以聲音代替手勢必須建立在共識的基礎之上，但對於原始器官還沒有經過多少鍛鍊的人來說，要達成共識是相當困難的。

——盧梭，法國政治學家

談判合作或對抗的核心問題在於人際間的信任不能憑空產生，它必產生於人們的行為之後。

這個問題要如何解決呢？斯科姆斯提出的解方是：在無共同知識的情況下，個體A發出信號P，信號接受者B做出策略M。初始階段，與P對應的M有無數的可能。但在信號系統進化的過程中，只有達到嚴格的奈許均衡的那個特殊的M才能產生進化，而其它的M卻無法進化。若社會結構朝合作的方向移動，信號系統可以自發地出現，而且不需要預先存在公共認知、共識或先例。

對於談判者的交流來說，雙方在訊息傳遞上增加互動，即便是廉價的磋商，也會使囚徒困境產生多種樣態的均衡點。在談判的真實社會中，囚徒的最佳解不是唯一的「招供」，而是與個體所處的特定環境相關，需要雙方針對具體問題冷靜地進行分析，進而求同存異地提出可行的對策。

有了「和而求同」或「求同存異」的信號系統之後，根據斯科姆斯的見解，另一個影響合作性社會結構進展的要素是位置和空間。他用動態模型證明，在很多人圍繞著的大圈中，個體與相鄰的兩個人交流越多，人們就會越熱中於模仿鄰居的最佳策略，群體產生合作的可能性越大，個體的平均收益也會越高。

針對第四次中東戰爭危機，季辛吉採取的第一策略是先**大膽喊出可行的解決對策**，原因是可借此彰顯權力和誠意，並享有定錨偏差（Anchoring Bias）帶來的好處。因為，固然對於拍賣來說，起始拍賣價應設得低一點，如此會吸引較多人競標，而達到較高的成交價。但是，此次戰爭的起因基本是長期各方權益的角力，解決的方法要以分餅為核心。

季辛吉採取的另一個策略是**揭露期限**，可加速對方讓步，並使得對方重新思考自身的地位。

突破談判僵局的方法

談判再難，都時時存在機會之屋，談判高手堅信一個重要的談判總會有突破的入口。當遇到僵局時，僵局就像是刀鋒的兩面迫使對方下決定，也考驗雙方的決心和強度。面對僵局一定要避免達成協議的迷思，尤其不要有「這一次一定要完成談判所有工作」的念頭。

突破僵局的方法包括：分析造成僵局的本質和原因，並量度彼此差異的距離；暫且將僵局擱置以緩和氣氛；暫停但保持非正式討論；凸顯雙方已達成的成果；強調僵局所造成的嚴重後果；找調停者或仲裁者；邀請高階人士加入；下最後通牒；退回造成僵局的前一步驟，並思考其它的解決途徑；將造成僵局的議案切割成二個或多個小議案討論；或是換掉某些談判者。

實用工具

善用行為經濟學的「換框」

二〇〇五年，國家美式足球聯盟（NFL）勞資雙方對於如何分配聯盟高達一百億美元的預期營收無法達成共識，陷入痛苦而漫長的僵局。資方要求無條件先拿走二十億美元彌補他們的投資，然後剩餘的五八％歸球員所有。但球員反對資方無條件取得款項，主張一起平分所有營收。

這場勞資糾紛僵滯數月之久，雙方原本還和和氣氣地討價還價，後來演變成競相祭出高壓手段迫使對方屈從，甚至還要求美國國會介入解決。最後雙方達成新的協議，談判才終於突破僵局。根據協議，NFL的全部收入分成三份，每份收入各有一套分配機制。最終協議於二〇一一年八月四日簽訂，載明球員分配到的收入如下：

- 聯盟媒體營收的五五％——電視轉播權等等。
- 聯盟創投事業及來自聯盟關係事業季後營收的四五％。

●當地收入的四〇%——球場營收。

耐人尋味的是，最終協議有項條款明定，球員的收入最低不得少於聯盟總收入的四七%，最高不得超過四八%，如果最後總額未落於該範圍，協議必須重新調整，務使總額落於該範圍。那麼，為何要多此一舉，把收入分成三份，而不是直接規定球員可以分得總收入的四七．五%呢？

因為，分成三份之後，談判雙方都可以對其所屬陣營宣稱談判勝利。資方可保有較高比例的球場營收，這正是他們投資重金的地方；球員則因分得超過五〇%的電視轉播權收入而沾沾自喜。這就是換框的威力。

框架（framing）是一種心理作用，同樣的提案會單純因為改變呈現方式，而更具吸引力或無趣。框架之所以有效，原因在於它能使談判雙方比較願意退讓，而不覺得自己在讓步或棄守原本的立場。框架關乎的是形式與架構，而非實質內容。那麼可以如何運用框架的威力呢？

一、不要只針對單一議題進行談判，務必同時交涉多個議題。
二、堅持整體的實質內容，但對結構性議題保持高度彈性。
三、不斷強調你的交易有多適當，好好運用社會認同。
四、試著把你的提案框架成協議的預設選項。
五、捍衛你的提案，絕不為此道歉。
六、務必製造一些策略性模糊，為自己留下轉圜餘地。
七、當心框架的限制。
八、說到框架，務必先發制人。談判一開始，就要掌控制定框架的權力。

在談判中識別迷霧的方法

二〇一四年十二月十日，伊朗和「五常加一」（聯合國安理會五個常任理事國加上德國，也稱「歐盟三加三」）沒能在他們設定的十一月二十四日截止日期到來之前達成全面核協定，這並不令人吃驚。

數月來，談判因兩個重要議題而陷入僵局：一是伊朗濃縮專案的規模，二是制裁的緩解。由於在最後一分鐘沒能出現突破，各方同意再次將談判延長七個月，新的目標是在二〇一五年三月一日前達成一項政治協定，以及在二〇一五年七月一日前達成一項包括實施計畫在內的全面協議。如果雙方都採取更加靈活的態度，仍有可能達成一項里程碑式的協定。國際危機組織曾撰文說明，此處亦重申，雙方可以在不傷害各自核心原則和利益的前提下實現這一目標。

這是一個由認知決定一切的世界，不管對事與物的認知是否正確，人的行為都是被其認知所駕馭。你只要改變人的認知，賽局就跟著改變，形成認知是屬於戰術的範疇。

哈佛大學商學院教授布蘭登伯格（Adam M. Brandenburger）與耶魯大學管理學院教授奈勒波夫（Barry J Nalebuff）兩人把賽局理論運用到管理實務上，並將研究的成果編著成《競合策略》一書。他們認為迷霧戰術有三：提高迷霧、保存迷霧與激起新迷霧。

在迷霧中談判常犯的錯誤

一、透露你的底限：你可能因此只能拿到極接近底限的條件，無法更多。就算你擺出強硬姿態也沒有用，談判可能陷入僵局。

二、把威脅挑明來說：就算威脅已經隱然存在，明講還是會改變對方的認知，自絕後路。

三、試圖消除你和對方的歧見：這不僅難以做到，還可能帶來反效果。

在迷霧中談判的方法

一、採用中間人解決機制，幫助談判順利進行。

二、引進中間人，幫助對方了解談判破裂的結果。

三、找出你和對方彼此同意和不同意的事項，擬定出可以創造雙贏的協議。

他山之石

聯合航空強制驅客事件

二〇一七年四月九日聯合航空（United Airline）爆發震驚世界的強制拉下乘客事件。

聯合航空一架從芝加哥飛往路易斯維易的班機上，因為座位不足，強制要求部分乘客下飛機，其中一名乘客堅決抵抗，遭到機場警衛強制拖離，因而受傷。機艙內乘客紛紛將事件拍攝下來，這些影片在社群網站中迅速傳播。

從危機談判的角度來看，這個事件可從兩個觀察重點——僵局和迷霧，來看聯合航空在事件發生前後和受害當事人、飛機乘客及社會大眾的言語或非言語對話過程，特別是CEO在推特的發言及道歉，為何完全無法洞察事件的僵局和迷霧？為何強迫已經上機的乘客下飛機？為何現場經理人談判的讓利金額只到美金八百美元？為何機長沒有適當在機上擔任調解員的角色？為何聯航CEO沒有在第一時間掌握真實狀況，並表現最大誠意赴醫院進行探訪？一連串疑

表 10-3　聯合航空難解的困局

僵局	迷霧	困局
• 完全無視顧客權益的強制驅客手段 • 驅客居然是為聯航機組四個人員 • 聯合航空錢開太低，800 美金不夠 • 禁止2名穿緊身褲的少女登機後，聯航再次在社群媒體形象受創	• 鬆散的 SOP，乘客上飛機了才要拉人？ • 何不安排另一機組飛隔天的飛機？ • 何不加高誘因到有人自動願意下機？ • 管理者為何無視品牌危機的成本考量？	• 儘管聯航執行長姆諾茲已為此事公開道歉，但對聯航聲譽造成的傷害，至少在某些消費者心中已難以恢復。 • 知名律師代理受害人進行法律求償行動

點令大家百思不解。

動腦時間：如何估算合適的賠償金額？

一、從社會大眾的視角，聯航在危機談判的動態結構上（時間、空間、系統和心態模式）各犯了哪些錯誤？

二、如何快速地針對各項錯誤，執行合適的危機談判對策？

三、聯航和受害人最後達成和解，外界估算，此次賠償金額至少五百萬美元，聯航面對此次談判，應如何思考及出價合適的賠償金額？

他山之石

華航罷工談判事件

策略就是排序；談判就是交換；博弈就是平衡。

富士康前副總裁程天縱針對二〇一六年華航空服員罷工事件，做出如此簡單扼要的評論，也點出了談判的精義。

華航二〇一六年的兩次罷工談判，占據了主流媒體的不少版面、在網路上也有鋪天蓋地的討論；談判的結果，是資方對於勞方的訴求照單全收。這樣的結果是好是壞，當然見仁見智，特別是有關談判策略和技巧的運用部分。

如果談判雙方只談判一個項目，這就是一個零和的局面——一方多了，另一方一定是少了，因此很難達到雙贏的結果。而要達到雙贏的結果，談判內容一定要是多個項目。

這次華航空服員罷工提出了七個訴求，華航企業工會罷工提出了八個訴求，這就有了一個可以經由談判達到雙贏的基礎。但是，如果談判的一方堅持要用包裹式談判，不管幾個訴求都只能包裹成一個項目，那麼就沒有可能達到雙贏。

為什麼多個項目的談判內容可以達到雙贏呢？華航空服員提出的七個訴求是很好的例子。

找出雙方的優先排序

假設勞方和資方都各自帶開、關起門來討論，將這七個訴求依照各自認為的重要性，來進行「強迫排序」（Forced Ranking）。

在這樣的前提下，雙方排序結果完全一樣的可能性微乎其微；只要排序不同，那麼就有了雙方談判達成雙贏的可能性。

做為資方的華航高層，必須要充分了解勞方；這就是所謂的「知己知彼、百戰百勝」。所謂「知彼」，並不是光知道他們書面上提出的訴求就好，首先要了解勞方對於這七個訴求重要性的排序，對勞方每個訴求的底限在哪裡，也要有正確評估。接著，跟資方自身的排序、以及每個訴求的可讓步目標，做個對照與比較；這樣才會知道每個訴求的差距有多大，並且想出說服對方的理由。

談判時盡可能爭取共識

談判要從對方認為重要、而我方認為較不重要的項目開始。其次要談的訴求，則是

「雙方差距最小」的、也最容易達到共識的，依序爭取最容易達成協議的訴求共識。

這時，七項訴求也許已經談成了五項；最後的談判就輪到了「己方認為最重要」的、也就是排序高的，而對方排序是屬於中下的訴求。

由於前面的談判累積了足夠的努力和成果，使得雙方不願意輕易為了剩下的幾個訴求，而放棄前面的成果；因此就可以比較容易達到「己方不能退讓」的目標，而且又可以真正達到雙方滿意的雙贏。

博弈的精神是找到平衡點

美國加州聖塔克拉拉大學（Santa Clara University）MBA課程「策略、談判和博弈理論」（Strategy, Negotiation and Game Theory）的重點是，博弈雙方的目的不在於消滅對方；在自由市場經濟的環境下，如果你消滅了競爭對手，就形成了獨占的局面；巨大的利潤必定會吸引新的競爭對手加入，所以你永遠沒有辦法消滅「對方」。

博弈的目的，是經由策略和談判，達到雙方都能夠接受而且滿意的平衡點（Equilibrium Point）；只要有任何一方試圖改變，局勢都只會更為不利，所以雙方都希望保持辛苦達到的成果。因此，在經過排序和談判的過程之後，雙方都放眼未來、希望維持這一個平衡點，這才是博弈的真正精神和目標。在談判中，贏家有以下幾個特質：

一、真正的贏家是懂得先輸的人；因為他很清楚地知道，哪些地方可以輸、什麼時候輸、可以輸多少，以便在必須贏的地方，爭取達到自己贏的目標。

二、在談判的過程中，有時間壓力的人一定讓步比較多。

三、在談判的過程中，沒有準備的人一定讓步比較多。

四、在談判過程中，獲利較大的，一定是隨時準備放棄談判的一方。

五、談判的結果，如果是一方贏一方輸，長久一定會變成雙輸的下場；因為一方贏一方輸，並不是一個平衡點。

突破困局的說服智慧

對談判者而言，說服是一項必要的功力；特別是處理強弱及大小不對稱的權力失衡的狀態，更需要有說服人的智慧，而這時歷史故事、世界經典和人間詞畫，都可以發揮超乎想像的效用。

說服是改變人的信念、態度與行為的過程。亞里斯多德（Aristotle）認為，說服包括：訊息內容（邏輯，logos）、訊息來源（信譽，ethos）與聆聽者的情緒狀態（情感，pathos）。歷史故事、世界經典和人間詞畫正好適當地結合了說服的三個要素。試想，你正好在談判中遇到強勢對手氣焰高漲的要求，這時你引用世界知名的兩幅油畫，並感性地詮釋它對人間社會的價值和意義，對手和他的團隊可能會有什麼反應？

《販賣孩子的商人》畫中，女主人被刻劃得高貴而矜持，女商人則從提籃裡抓出一個帶翅膀的小男孩（這無疑是小天使），構成一個戲劇性的場面。如果說畫家描繪的是當時社會現實的話，那個正在被販賣的長著翅膀的孩子，無疑又為作品增添了撲朔迷離的色彩。

《拍賣奴隸》畫的是近東地區司空見慣的奴隸拍賣。被剝去衣衫的女奴，裸體站在台上被拍賣，台下是爭相競價的商人，他們伸出手指，暗喻買奴隸的價格，女奴們茫然地望著這一切，聽憑命運的擺布。

不同人在不同情境下，會有不同的思辨程度，也對應著不同的說服策略。組織變革學者科特（John Kotter）在《急迫感》（*A Sense of Urgency*）中談到，一家知名企業在年度策略會議中，安排了兩位部門經理演講變革的重要。第一位經理上台後要求關燈，準備了大量投影片，每三十秒播放一張充滿資訊的投影片，講述目前的問題、變革的目標與執行的策略。

另一位經理上台後卻要求燈光完全打開，只用幾張投影片與少少的統計資料來支持他的觀點，演講內容有一半在說故事，談到他的父親和朋友，以及曾與妻子說過希望好好打一場勝仗後再退休等。他講完之後，全場熱烈鼓掌，許久未歇。

科特稱第一位說理完美，第二位態度誠懇，但顯然認為在提升變革急迫感時，第二種比較好，鼓勵領導者要創造感動，這裡又再一次印證了故事與經典的力量。

第十一章 談判的準備

◆核心摘要◆

成功是給有準備的人，談判尤其如此。

談判的準備除了行政作業和事務性工作，更重要的是必須把事前的議題分析、情境演練和策略規劃等，也列入談判的總體準備工作之中，把它整理成SOP操作準則和行動地圖，而且時時在談判的進行階段因地、因時、因事、因目標及策略而調整，好像因應戰爭及危機的十八套劇本，其中有提醒、有計畫、有應變，也有行動。

絕不要因為害怕而協商，但絕不要害怕談判。

—約翰．甘迺迪（John F. Kennedy），美國第三十五任總統

二〇一七年四月二十四日，正當北韓和美國為導彈試射箭拔弩張的時刻，韓聯社和路透社透露一名美國公民金盛德（Tony Kim）在北韓遭到逮捕。由於時機敏感，外界懷疑這可能是北韓在為談判準備籌碼，因以人質做為交涉手段，對北韓而言乃稀鬆平常。

英媒BBC報導報導引述南韓專家的說法，認為北韓在為談判準備籌碼的可能性很高，指稱在關鍵時刻拿下美國人質有一石二鳥的效果。

北韓拿人質當作要脅已非第一次。美國前總統柯林頓與卡特都曾前往北韓爭取美國公民獲釋；二〇一七年，北韓首腦金正恩之兄在吉隆坡遭到刺殺，北韓當局也扣押馬來西亞公民，直到馬國釋放涉嫌參與刺殺的北韓人士。

談判的九項準備

管理的藝術包含知道要做什麼和要怎麼做，談判的藝術亦是如此。而在準備階段中，你就必須定出你要達到的目標，以及你要怎樣達到它。《談判高手》作者馬梁認為，談判的主要準備工作基本上包括：

準備一、有的放矢

準備二、有備而來

準備三、考察對手的權限

準備四、制定談判方案

準備五、建立靈活的應對策略

準備六、劃定談判的「三八線」

準備七、策劃報價出價

準備八、測析談判對對方的影響

準備九、準備多種戰術

談判思維

讓談判更周延的四個思維要訣

至於在準備階段，情境模擬和談判推演則是必要的項目。網路行銷公司Audience-Bloom創辦人德莫斯（Jayson Demers）提出了四個相關的談判思維要訣：

事先蒐集情報

在開始談判前，資訊掌握越充分，越可讓自己在談判中居於有利地位。例如，在骨董店想要殺價之前，通常得要了解決定價格的因素有哪些？同樣水準的產品，市場價值為何？商品的哪些瑕疵，會影響價值進而可以殺價？

同樣的道理也可對應到職場。若想要跟主管爭取加薪，就應該要先了解產業內相似經歷職位的人，普遍的薪資水準為何？哪些工作能力、特質與表現，值得獲得更高的薪水？找出關鍵的原因，再去向主管開口，雙方的對話才有基礎，也讓主管知道值得加薪的原因。事前準備得越充分，就越能夠提出合理的說詞來說服對方。

設立更高的目標

設立一個更高的目標，在討價還價之後達成的，便有極大可能會是你一開始就預期的結果。許多人都知道，如果一個東西賣五十元，你想要便宜十塊買到，你會跟老闆說：「能不能算我三十元？」為什麼不直接就說四十元？因為談判的過程中，對方通常不會直接就答應你的要求，此時就需要有賭一把的心態。

在商務談判上，設定更高的目標也十分重要。一旦設定後，在談判時往往可讓對方感受到更多壓力，自己也能居於更主動的位置，儘管最後未必能達到預先設定的高目標，但談判後的收穫，絕對會比只設定一個普通而容易達成的目標來得多。

預先揣測對方的想法

試著站在對方的角度思考，能使想法與觀點更完整。例如說，談判過程中，針對對方會提出的價格、資源，以及可能希望獲得哪些利益、有哪些做決定的考量……等，諸如此類種種問題，若能預先準備好，雖然無法猜到對方可能會有的所有回應，但透過模擬多個可能發生的情境，已經足以讓想法更完整，屆時不管對方怎麼說，都能夠更迅速地提出一套回覆。

多練習，展現出自信的樣子

自信讓人擁有更強的談判力，也會被更認真地對待。自信是需要花時間培養的，但有些小細節你可以先準備好，例如走路抬頭挺胸，不要駝背，穿著適當的服裝，講話簡潔有力，更重要的是，看著對方說話。

此外，Practice makes perfect，把想法多說幾次就對了！準備要參加談判前，可以先在家對著鏡子說話，如此一來，可以變得更有自信，在表達想法時，也可以顯得更自然，當然也可以避免說出一些不該說的話，但要小心不要過度練習，以免會變得像一個背稿機器人。

談判最佳準備實務

談判協商的總體準備工作，包括：協商作業程序、人員組織分工編制、重要時程管制和要因條件圖示等。最好的做法是依談判的時程或進程，分別一一予以表列或圖示，使得全體談判代表、參謀人員和整體工作團隊都能一目了然，而且無論在行前、行中或行後都能進退有據、行之有方，達到最佳的管理功效。

我們參照國際官式的談判作業程序，依據多年的實務經驗，予以修定成如圖11-1及圖11-2的作業程序及流程圖，供大家參考。

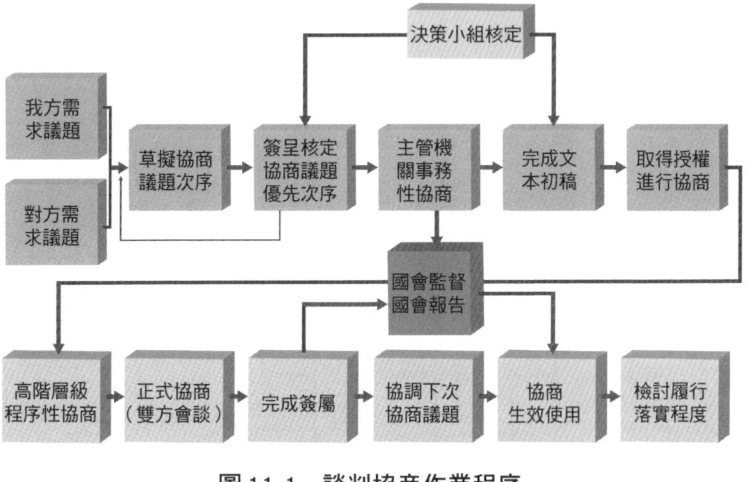

圖11-1　談判協商作業程序

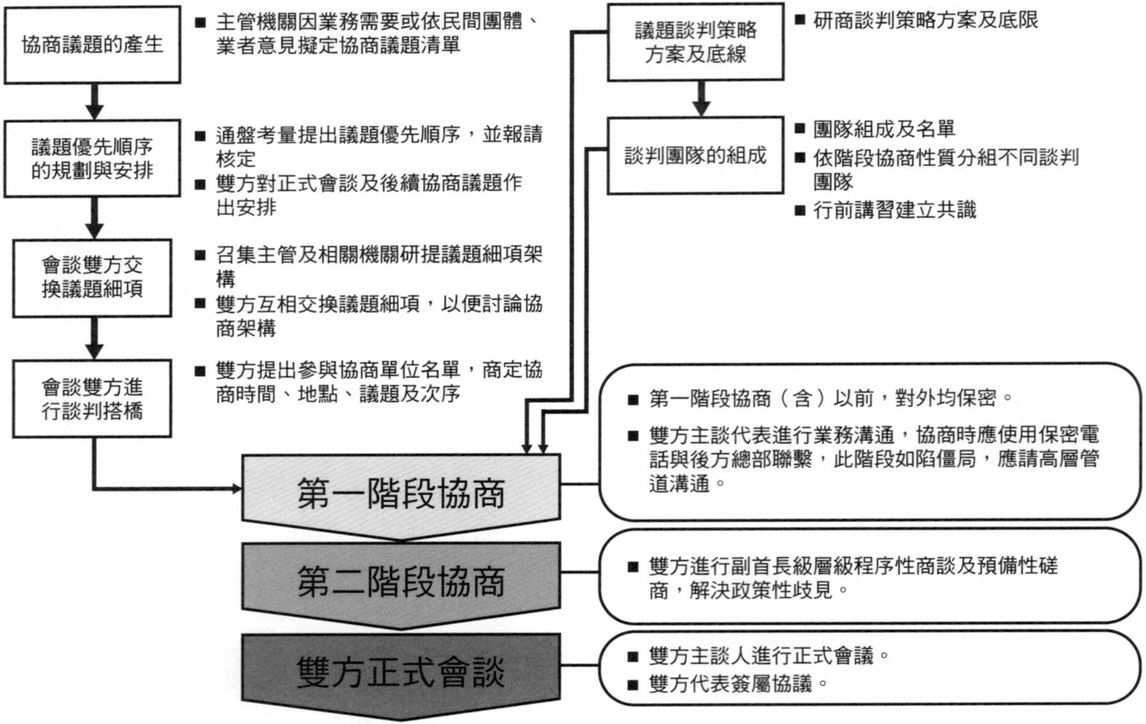

圖 11-2　談判協商流程圖

實用工具

談判實務中的四個KPI

談判成功與否有四個很重要的關鍵績效指標（KPI），每一個指標在談判的實務運作中都非常重要，缺一不可，包括：

一、談判計畫周延度：以談判計畫表檢測談判團隊及每一參與同仁的計畫周延度。

二、談判備案靈活度：根據不同談判需求，提出三個以上的備案，檢視談判備案的靈活度。

三、談判策略精確度：以競局、博弈、競合等理論及相關矩陣，檢測談判策略的精確度。

四、談判技巧對戰度：針對談判主題，情境模擬與演練對戰，並分享與回饋彼此談判技巧的優缺點。

表 11-1　十種談判的最佳實務

項目	做法	要件
1. 準備就緒	●積極鼓勵所有談判者為談判做好準備 ●審慎規劃開場聲明和立場 ●充分了解雙方強項弱項、需求利益 ●了解不同階段的談判流程 ●認知達成目標的全盤計畫 ●了解談判的可能發展及演變	達成目標的熱切期待
2. 判斷談判的基本結構	●分配型談判或是整合型談判 ●或介於兩者之間	和解、規避和妥協也會是談判策略
3. 執行備案	●最佳談判協議的替代方案（BANTA）的備案 ●比較雙方備案的差異	正面聲援 負面強調
4, 願意離開談判桌	●談判過程中充滿敵意而無法繼續進行溝通 ●缺乏有效的其它備案	談判目標都是為達成最後的有效成果，非為協議而協議
5. 掌握矛盾情勢	●聲明價值或創造價值 ●堅持己見或順應潮流 ●堅守既定策略或尋求新契機 ●開放誠實或封閉不透明 ●信任或不信任	在反對力量之間尋求平衡 掌握緊張情勢
6. 記住無形因素	●無形因素包括獲勝、避免損失、表現出難搞或強硬作風、示弱、要求公平等	找出不在場因素 找出潛在原因
7. 管理結盟關係	●分辨不同結盟關係及其可能影響 ●利己、不利己和鬆散的結盟關係	分化或征服策略
8. 保護名聲	●以正面的名聲開始談判 ●可信度、可靠度	公平公正
9. 記住公平合理原則	●找出合理公平的定義和範例 ●針對不同意事項提出反對	雙邊對話 達成共識
10. 從經驗中學習	●把焦點放在「什麼」和「為什麼」 ●談判中發生何事、為何發生、我學到了什麼？	檢討、訓練、改進

資料來源：Roy J. Lewicki, David M. Saunders, John W. Minton, Bruce Barry, *Negotiation*.

其中談判計畫周延度和談判備案靈活度是準備階段非常重要的基礎，而談判策略精確度和談判技巧對戰度，也要在準備階段充分加以考量。

談判情緒也需要「準備」

在談判時，情緒失控，或是因為對於陌生文化不夠理解，而在談判中處於劣勢地位，這是談判常見的錯誤。美國學者布魯克斯（Alison W. Brooks）在〈拿捏情緒的談判藝術〉（Emotion and the Art of Negotiation）中指出，人們在談判時出現的幾種情緒反應：焦慮、憤怒，或是因為談判結果而過度失望或過度興奮等，在台灣也隨處可見，只是造成這些情緒反應的原因有點不一樣。

其實以上三種情緒反應，泰半都可以歸結於「談判目標不清」與「談判準備不足」。一旦對自己的目標不清楚，就無法掌握自己和對手的評價差異，也無法事先模擬，諸如：「談判可能會在哪裡卡關？」等問題。一旦談判陷入低潮，就會再度惡化為上述的焦慮、憤怒等負面情緒，對於談判進程更加失去耐心，使得自身處於不利的談判地位，很快地接受條件不佳的協議。

談判經常爾虞我詐，雙方都會隱瞞談判真正的目標與底限，所以在正式進入談判前的單獨準備階段，一定要對談判目標深思熟慮、明確化，對於包括自身在內，所有談判參與者的評價都必須有足夠推演。這也是取得談判最佳結果的前提。

雖然所有人都會感受到情緒，但感受情緒的頻率與強度卻因人而異。如果想成為更好的談判交易人員，必須詳細評估你在談判前、談判中、談判後，特別容易感受到哪些情緒，然後運用技巧把那個感受極小化或極大化，並壓抑或強調你的情緒表達。

在電視影集《超級製作人》（*30 Rock*）

表 11-2　準備好你的情緒策略

	自問：	記住：
談判初期	■ 我有什麼感覺？ ■ 我是否該表達情緒？ ■ 對方可能有什麼感覺？ ■ 他們會不會隱藏或表達自己的情緒？ ■ 是否該找第三者來代替我進行談判？	■ 感到焦慮與興奮都是正常的。 ■ 試著避免表達焦慮。 ■ 展現充滿期待的興奮感，這可能有助於建立友好關係。 ■ 在情緒激動的情況下（比方說離婚），考慮由第三者（如律師）來為你進行談判。
主要談判階段	■ 可能會發生哪些會讓我生氣的事情？ ■ 我可能做出什麼事會挑起對方的怒氣？ ■ 對方可能作什麼事或問什麼問題，會讓我感到焦慮？	■ 謹慎表達憤怒：這樣雖可獲得對方讓步，卻會傷害長期關係。 ■ 避免觸怒對手，他們可能會一走了之。 ■ 事先針對艱難的問題準備好答案，有助於當場保持冷靜。
談判後期	■ 談判的結果可能是什麼？我希望達 ■ 成的目標為何？我預期達到的目標為何？ ■ 我對這些結果的感覺如何？ ■ 我是否該表達那些情緒？對誰表達？ ■ 我的對手對這些可能的結果也許會有甚麼感覺？	■ 為減少失望，列出清楚的願望與期望，並在整個談判過程中，調整那些期望。 ■ 如果對結果感到滿意，明智的選擇是把這種情緒藏在心裡。 ■ 最佳談判人員會為每個人創造價值，為自己爭取龐大利益，但同時又讓對手覺得他們也獲勝。

中有這麼一幕，值得每一位談判者深思。當咄咄逼人的執行長多納吉這位一直自認是談判專家的執行長，向同事解釋他為何做了一筆失敗的交易：「我輸是因為情緒，我一直認為這是弱點，但我現在學到了，這也可能是武器。」

「談判難免會有情緒，但如果好好管理表達情緒的方式，就能把感覺化為有利的條件。」布魯克斯說：「談判人員應該調整可能會感受到的焦慮、憤怒、興奮、失望、悔恨等情緒，並適度地表達在談判過程中，來爭取更好的交易。」就像你會在談判前準備戰術性與策略性行動，你也應該花點時間準備情緒的管理策略。花時間做這個準備絕對是值得的。

他山之石

英國脫歐如何在失敗前做好準備

二〇一七年四月一日，英國正式啟動脫歐程序後四十八小時，歐盟三十一日提出初步談判計畫。歐洲理事會主席圖斯克（Donald Tusk）否認會對英國採取「懲罰」措施。

他指出，歐盟將全力以赴與英國達成「具建設性」的脫歐協議，但同時也將為「談判失敗做好準備」。

談判既然有可能失敗，那麼要做出哪些失敗的準備呢？

一、**尋求可能的過渡性協議**：以英國脫歐談判為例，儘管歐盟願意致力於英國脫歐談判成功，並將「全力以赴」，但同時也做好準備，以妥善應對萬一談判失敗出現的局勢。談判計畫顯示，歐盟願意為二〇一九年英國脫歐後的談判達成一項「過渡期協議」。

二、**控制損害範圍**：圖斯克對歐盟與英國的談判設定「談判失敗損害控制」機制，包括致力減少英國脫歐後對歐盟公民、企業和會員國造成的不確定性影響，並確保英國會尊重身為會員國需負擔的財務承諾和責任。

三、**維持和而不破的空間**：求同存異、和而不破是談判的最高智慧。同異是競合，相敬是生機，破局是為突破僵局，以及探尋新的開局。

第十二章

實務與應用

◆核心摘要◆

談判是藝術更是科學。如何處理各層次的競合關係是其中關鍵。談判成功與否要重「學」與「術」，包括：對談判定義、結構、過程、策略、結果分析要深入了解其理論基礎；同時，對談判實務的應用能經由個案研討及情境演練，洞察它的成敗之因及運用之道。

- **零和／非零和博弈：**是博弈論的一個概念，表示所有博弈方的利益之和為零或一個常數，即一方有所得，其它方必有所失。
- **對等／不對等談判：**對等是談判的基本原則，主要核心在於立場、尊嚴和實體的相對平等。

談判與下圍棋之間的道理，有很多關聯度。下棋時若情勢不好，就要打亂局面，亂中求勝，像在談判情勢比較不好時，或降低交易，或搞亂市場秩序，反而有機會逆轉劣勢。

——林文伯，矽品精密工業董事長

二〇一五年有一部電影《JOY》，中文名為《翻轉幸福》，是珍妮佛勞倫斯主演，一個單親媽媽名為Joy，靠著一把改良式的魔術拖把，展開了創業之路，她一直支付權利金給原創（在亞洲）而授權給美國的代理商，然而該代理商眼見市場銷路大好，一再提高授權金。Joy不滿，經多方查訪，發覺她發明的魔術拖把，其實與原創者並不相同，而且多年來支付代理商的權利金，根本沒有進到原創者口袋。

於是她約了代理商在旅館一對一談判，她在房內等候，代理商敲門進去時，她要求房門不要關上，這是保護自己安全的第一步。其次，她談判時靠牆站立在角落，這也是保護安全的一步。當開始談判時，代理商先是口頭威脅，但當Joy說明她查證的經過，並要求返還支付的權利金，該代理商深知理虧，於是開始談返還的價碼，先是開價兩萬美元，但此時Joy採取沉默的策略，代理商於是主動加碼到五萬美元，Joy仍不為所動，而且面部表情、肢體動作略微不屑，並面向窗外，不發一語。

這樣的沉默，會使對方陷入緊張不安，於是代理商再提高價碼為「加計利息」，此時Joy才展露滿意的微笑，拿出事先備妥的協議文件，要求對方填入承諾的條件。

釐清談判的本質，才能決定攻守

對於談判者來說，了解談判類型，決定攻守策略，是上談判桌之前的第一要務。

雙邊談判 vs. 多邊談判

二〇一七年一月川普就任美國總統，第一件事就是宣布退出二〇一五年原已草簽的TPP。這件事從談判的角度來看就是「多邊與雙邊」之異，因為美國國家及經貿實力均居世界首位，談判籌碼甚多，實力大的國家，偏好雙邊而非多邊，因為多邊協議，美國對經濟弱勢國家開放的項目，也必須對經濟較強對手一視同仁、同樣開放；但若雙邊談判，則美國可以採取個別不同的開放措施，同時也對協商對象提出較高要求。

這種情況通常不適用於實力較弱、談判籌碼不多的國家。以台灣加入WTO為例，我們就希望進行多邊談判，以免個別國家開放過多，當年我們的貿易對手國，對於牛肉輸台，有的要分部位採不同稅率，有些卻希望稅率單純化，這種情況就有賴多邊談判，由各國先採一致立場，才能符合WTO對所有會員的「最惠國待遇」條款。

除了以上雙邊與多邊談判，還有一種談判是第三方介入的談判，它的立場是不偏於任何一方，或者說不完全偏一方，而扮演公正第三者的角色，例如勞資雙方的最低工資談判，勞工主管機關扮演主席角色，召集勞方與資方代表協商，主席的立場其實是比較偏向勞方，但也不能完全不顧資方能否負擔，但常常是資方讓步較多。

一次性談判 vs. 多次性談判

買房子的談判與採購原料的談判差在哪裡？

商業上常有採購原料的談判，而日常生活中，個人也有買房子的經驗。採購原料往往不是只有一次，常是長期而多次的交易，這個時候，價格固然很重要，但維繫雙方的關係也很重要，例如在原料供貨市場吃緊的時候，賣方當然會優先考慮關係良好的客戶，又如價格變動的時候，是否立即反應或可略微通融；買方有時候也需要適度讓步，換取下次賣方的回報。

另一方面，一般人不會經常購置房產，買賣雙方更不大可能再度碰到，因為並無第二次交易可以互讓，所以雙方常會寸步不讓，這就是一次談判與多次談判的不同。

非零和談判 vs. 零和談判

二〇一七年三月二十一日，台灣的面板觸控大廠宸鴻與中國光學大廠歐菲光公司，共同宣布相互交叉持股，並且成立合資公司，共同接單發展新技術。

根據協議，歐菲光認購宸鴻私募普通股兩千萬股，約新台幣一八．一億元，取得宸鴻五．四六%股權。宸鴻則透過公開市場，以不高於四〇．三四人民幣股價購入歐菲光股票約二．〇四億人民幣，取得〇．四到〇．五%股權。

雙方在客戶涵蓋面、技術層次，均有高度互補。宸鴻與歐菲光各自擅長觸控及光學感測，將能夠在移動互聯、智慧城市、智慧汽車市場互利雙贏。而宸鴻在海外市場的營收占九成，而歐菲光在中國市場的營收也達到九成，兩者沒有形成競爭關係。本案交叉持股是近年來常見的企業策略聯盟，兩岸兩家公司透過談判達成協議，可以說是「非零和賽局」及利益式的談判。

權力不對等 vs. 對等的談判

原則上談判的雙方應該是處於對等的地位，但是也有一些談判或交涉是雙方不對等的。舉例來說，台北市興建大巨蛋的爭議，兩造是官方的市政府與民間BOT的建商遠雄公司，官方一開始就把爭議定位是弊案，而官方是籌碼較多的強勢一方，但民間則籌碼甚少，是處於挨打的一方。

這個個案的進展是後來官方也查不出什麼弊案，而且拖延進度兩年，社會觀感欠佳，只好從消防公安角度切入，要求遠雄減量，縮減容留人數；遠雄方面起初不知官方會使出什麼招數，只好一直強調合法，直到後來雙方妥協，委請財團法人台灣建築中心評估提出安全容留人數。結果雖刪減建物使用面積四千坪，幅度超過預期，但是遠雄是弱勢的一方，拖延下去損失會更大，此時應該見好就收。這是個典型雙方地位或權力不對等的談判，遠雄其實應該了解「民不與官鬥」，少輸為贏。

另一個權力不對等的談判，是部屬與長官談判升遷及加薪，除非部屬已有退路，另有跳槽機會，否則他一定是籌碼較少的弱勢。當然如果他的技能使公司不易尋找替代的人手，也許還有些籌碼，但多數情況下，雙方是權力不對等的談判。

個人談判 vs. 團隊談判

生活事務的談判或簡單的談判，常常是個人談判。但稍微複雜的事務，即可能是多人組成的團隊談判，有些是非常正式的團隊，也有不怎麼正式結構化的團隊。

至於組織類型的談判，無論是公司的併購談判或是代表國家的談判，通常是不少人組成的談判團隊。以公司併購而言，必會有財務人員、法務人員、業務或工程人員，不過就談判而言，還要有兩種分工：一個是黑臉，一個是白臉的分工，也可以說是鷹派與鴿派的分工，前者比較強勢地爭取談判利益，後者則扮演打圓場、踩煞車的角色。橫向的黑白分工，常是財、法人員扮黑臉，而業務人員是白臉；縱向的高低階分工，則應該是「下白上黑」。

此外在民主國家，有不同聲音是很正常的現象，而理性的抗議或抗爭正可以形成談判時的「黑白臉」，對於談判形成助力。

以美國為例，一九九〇年代中期，中國尚未加入WTO，美國每年是否給予最惠國待遇，必須由行政部門提議，國會投票同意。最惠國待遇是經濟議題，但國會審查時，除了關心貿易逆差、人民幣匯率外，最常掛勾提出的就是「人權問題」，所以中國面對此議題也多多少少需有點回應。也就是美國行政部門扮演白臉，國會扮演黑臉。

另一個重點是任務的分工，除了主談人之外，團隊其它人要在傾聽、思考、觀察、記錄等工作分配責任。傾聽是要了解對方的論點，分析是否合理，研提我方辯證的理由，提供主談人參考。觀察是分析對手的人格特質及談判風格，建立檔案，以備後續談判者參考。記錄是一項重要的工作，談判完畢以後，需要落實到協議的書面文字，但常參與談判的人會有一個經驗，就是談判結束後，雙方的理解或紀錄並不相同，此時，就需要再度談判確認。

綜上所述，團隊談判人員約可分為三個層次：主談人、專家或專業人員、事務人員

（行政支援人員），團隊談判事前應有充分的準備。

留心談判的忌諱

談判的智慧藏在多邊的不確定變數和不對等關係中，策略的核心則在人的視界遠近、胸襟大小和謀慮的深淺。

談判的過程中，應該與對手培養交情，增進互信，如有共同興趣，更能增加共同話題，適度緩和談判氣氛。例如海基會辜振甫與海協會汪道涵兩位負責人均喜好京戲，談判折衝之際，就有話題可聊。

談判人員切忌個人英雄主義，不要以為協議是在我手上完成的，是大功一件，存有這樣心態的談判者，對於談判立場的堅持及談判條件的要求，可能就會放鬆。要知道，談判不是以成或敗論英雄，因此談判要有耐心，不能急躁。

其次，談判是有得有失，雖不滿意，但可接受，切忌流露出談判勝利的姿態，否則對方面子掛不住，下次就不願再談。不僅如此，甚至要適度恭維對方，是個可敬的對手。

談判思維 啟動談判及達成協議的關鍵

展現善意

談判需要營造善意的氛圍，惡意相向，互相叫罵，就很難進入理性的談判。以商業併購而言，敵意或惡意併購，結果常是破局；善意或合意併購，才有可能理性討論。善意必須發自內心，前後一致，不能反覆多變。善意不是單方說了算，必須對方感受到，同時也認可的，才能算是善意。

二〇一六年五月台灣政黨輪替後，新政府多次說已展現了對中國的善意，何以中國沒有感受到呢？同樣地，中國方面也說九二共識就是對台善意，而新政府也沒感受到。新政府認為已從台獨退到中華民國憲法及承認九二會談，但中方認為九二會談不等於九二共識；另一方面中方更認為已從一中原則退到九二共識，至少字面上不再出現一個中國。雙方都認為展現了善意，但也都沒有感覺。如今兩岸僵局，還看不到突破之機會，接下來就要看這樣的情況，誰能撐得比較久，誰的機會成本比較大。

互信

展現善意是啟動談判的第一步，進一步需要雙方的互信，「互信」是什麼？它是長期逐漸累積建立的，以商業上尋求夥伴而言，曾經有過業務往來且合作愉快的當然優先，其次是經由共同友人的介紹，隨著時間的交往，逐漸增進信賴、了解、尊重與友誼，它可以使談判成為夥伴的合作關係。有了互信，細微的分歧，雙方也不會在意，知道並無惡意；但沒有互信，雙方就會深入探索對方語言、動作背後的真正含意，當然也就會拖延談判的進度。互信是要靠雙方長期互動累積，如果過去長期不友善，或是前後反覆無常，互信就更難建立了。

在國際間也有互信而順利解決協商談判的案例，在《哈佛這樣教談判力》一書有一段描述：

一九六七年中東戰爭之後，英國駐聯合國大使卡拉登（Lord Caradon）試圖在安理會通過一項中東和平架構決議。其它都贊成，就差蘇聯一票，甚至另提方案。蘇聯代表庫茲涅佐夫去找卡拉登，要求延後兩天投票。卡拉登不答應，怕蘇聯企圖利用這段時間為他們自己的方案拉票。庫茲涅佐夫不放棄：「你恐怕誤會我的意思了，我是以個人名義請你多給我兩天時間。」聽到「個人名義」，卡拉登明白自己必須答應。為什麼？「我非常了解庫茲涅佐夫這個人，我們曾一起經歷過其它許多難題。我非常欽佩他。我相信他絕不會故意整我……我知道我能相信他，就像他可以相信我一樣。」

於是，卡拉登就向安理會要求延後投票表決。兩天後，安理會再度開會投票。卡拉登回顧當時：「我舉手贊成，接著席間響起一陣歡呼，我朝右手邊一望，瞧見庫茲涅佐夫也舉起手贊成，並收回他自己的原先提案，讓英國二四二號議案獲得全數通過。我想蘇聯代表利用那兩天做足了功課，了解到全數通過與充分支持此案的必要性。甚至回去說服了蘇聯政府，我也深信他去找過阿拉伯政府，並成功說服了他們。」這個案例充分說明了互信的重要。

因此之故，許多領導人喜歡找曾經共事過的部屬拉在身邊，因為共事的經驗，讓他認識、了解、信任，「你辦事我放心」，反之，從部屬角度來看，跟對老闆就很重要，所謂「跟對」，當然是指有能力，有潛力高升領導人的老闆。

創意

協商談判，有些議題可以商談後獲致結論，但也有議題不易達成共識，這時就有賴雙方發揮「創意」，這不是件容易的事，因為要超出自己原先設想的範圍，所以最好邀請他人共同參與腦力激盪，激發創意，點子越多越好，努力從不同角度看問題，然後評估每一個想法的利弊。有時候甚至可考慮與對方也進行腦力激盪，不過必須事先言明，提出的點子，只是討論的方案，不代表承諾。

在《哈佛這樣教談判力》一書舉出許多案例，例如以色列與埃及為西奈半島談判，各應得到多少土地。埃及關心的是領土的問題，以色列則關心國家安全問題，如果只在切割分界線一事上討論，就形成了零和談判。後來的解決方案是提出創意，將半島「去軍事化」。事後看來這個方案簡單無奇，但在當時卻是一個創意。

此外，在《交涉的藝術》一書也舉出，一家著名出版社和一位受敬重的作家簽約，請他撰寫已故總統羅斯福的傳記，這位作家全力投入，研究羅斯福的生活和家庭，花了許多心力及時間，總算完成一本鉅著，然而一經排版，竟超過一千四百頁，出版社認為篇幅太多，要求作者大幅刪減內容，但作者拒絕，不願努力的心血付之東流。作者轉洽另一家出版公司，該公司有興趣出版，可是同樣為此巨大篇幅憂心，但後來編輯想出一個簡單的解決方案，分成兩部，並分別依羅斯福總統及夫人名字命名：《艾琳諾與富蘭克林》及《艾琳諾：孤孀歲月》，後來都成為暢銷書。

該書也提到一個有趣的案例：一九九〇年代，從事飛機維修、改裝、銷售的一間Stevens Aviation公司，他們的廣告詞是「精明翱翔」（Plane Smart）。幾年後，西南航空公司（Southwest Airlines）使用的廣告詞是「只要精明翱翔」（Just Plane Smart）。前者指控後者抄襲，侵犯商標權，如果對簿法院，所費不貲，Stevens公司董事長想出一個妙方，提議和西南航空公司董事長比腕力，贏的人獲得商標權，輸的人必須捐款一萬美元給贏家指定的一個慈善組織。雙方角力三回合，西南的董事長輸了，依約捐款給肌萎縮症病友協會，而贏家則是慷慨地讓西南航空繼續使用廣告標語。

這個案例的兩造本來好像是雙邊零和競局，然而卻附帶產生另一個效益，兩家公司都因為這個有趣的比賽而獲得大幅媒體報導及宣傳，Stevens公司甚至因此業務成長了三倍，達到了雙贏的效果。

從人事時地物，安排最好的談判戰術和策略

議程安排的藝術

會議其實也是一種談判，因為談判的目的之一，就是說服與會人員接受自己的意見。當然會議還有其它目的；如政策宣示、溝通、討論、尋求解決方案等。

不過，會議與談判不盡相同，特別是在議程的安排上，會議的議程通常是依議題重要程度而排，重要者先討論，求取共識，如果時間不夠，次要議題就留待下次再議了。但談判則不一定，有時甚至反過來，把己方次要議題先排，目的是以己方在次要問題上的讓步，來換取對方在主要議題的讓步。譬如在採購原料時，己方目的在取得優惠價

格，但卻把付款條件先排討論，以願意縮短付款時限來爭取賣方價格的讓步。

談判時限創造有利優勢

通常談判會先共商一個時間及預定的談判時限。時間的選擇應該以雙方方便的時間為宜，避開雙方忙碌及不便的時間。特別是跨國談判，由於各國放假時間，特別是習俗假期並不相同，最好能夠避開假期。此外，預定談判多久，也最好事先約定，以便各方安排其它事務。

與此有關的就是「時間觀念」，現代文明先進社會，常會要求準時，遲到是相當失禮，可是有些地方並無準時習慣，特別是中東及中南美洲，這時除非是對方有求於己，否則就要有相當耐心。二〇一六年，成霖企業董事長歐陽明出版一本《曾經的年代》，就描繪到他初出校園，從事貿易在中東商場競逐的經驗，他是新手，除了要跟老手競爭外，還要摸清中東的習俗，由於對手不守時，使他吃盡苦頭。

至於談判策略上，知道對方行程及處理談判標的的時限也很重要。歐陽明在二〇〇一年走訪巴西，遇見一位當地頗具規模的台商，經營家用衛生紙事業，聽他講述進入此行業之因緣，頗為敬佩其談判技巧：

他在網路得知一家德國企業擬出售製造衛生紙之機器設備，於是他約該廠主管，飛到德國先行會面，自我介紹，隨後前往工廠實地察看設備。他先詢問工廠領班設備的可用性狀況，了解尚能正常運作，隨後他又順口問了一句，公司為什麼要出售此設備？領班回答是公司進行設備更新，所以淘汰原有設備。他再問，新設備何時到達安裝？於是他得知了對方處分原設備的時限，便展現了購買該設備的高度意願，說要回去請工程技術人員來看設備，也要財務人員調度資金安排，而他心中的盤算是把時程盡量拖延，後來也真的拖到德廠的處理時限，結果以遠低於原價的低價購進該設備，運往巴西安裝，由於購價極低，折舊成本亦少，一開始沒經過虧損階段就直接獲利。這個例子說明了解時限的重要性。

另外一個案例，是一位美國企業高階主管飛赴東京洽商業務，接機的日企員工前往機場接機，並很熱心地安排一切，日企員工詢問美國人的回程班機，想替日語不通的美國人確認回程班機。其實經由這個動作，他已經知悉對手的談判時限。接下來，他以對手初訪日本為由，帶他到處觀光，享用日式美食，直到回程前一天，才進入談判主題，此時，美國主管的思考時間及考慮範圍自然受限，當然處於不利地位，而又為了回去向老闆交差，其結果可想而知。

地利上的主場與客場

談判地點通常是兩方輪流。喜歡觀看球賽（如美國職籃NBA、美國職棒大聯盟MLB）的人都知道，比賽有主場與客場之別，通常主場球隊較熟悉場地，且支持觀眾多，所以比客隊具有優勢。同樣的道理，談判也有主場優勢。

美國學者索樂文（Richard Harvey Solomon）在其研究報告《索樂文報告：中國談判行為大剖析》（*Chinese Negotiating Behavior*）中說，中國喜歡在本國談判，因為具有地利的因素，可以運用本國的資源，包括內部決策聯繫方便、容易打聽對方的動靜、便於安排活動行程，便於控制議程、製造時間壓力等。因為談判地點需輪流，而中國到對手國的談判，通常不會做成決定，談判團隊也很少與後方決策人員聯繫。重要的決定及協議，一定是在本國做成。

兩岸的談判如在中國舉行，場地當然是對方安排，無論是站或坐的位置、動線安排，甚至是記者採訪或記者會等，客方總處於劣勢。此外，客隊最感困難的是前線與後方的溝通問題，事先約定暗號當然是一種方式，但談判內容複雜，尤其是兩岸協商與以金額為主的企業談判並不相同，所以還得直接溝通。然而普世皆知，在這種情況下，對方當然想盡辦法探聽你的底限。如何保密，頗費思量。

但在台灣協商，我們的主場優勢卻打了折扣，因為總有反對人士鬧場，如果理性表達，還可做為我方籌碼，但非理性表達，則使談判團隊既要面對對手，還要分心管家務事，導致有時寧可到客場去協商，令人扼腕。

掌握協議版本，先提先贏

談判的時候，先拿出協議版本者，通常比較占上風，因為討論的時候，通常會依該版本架構協商。以一個簡單的例子來說，立法院對於法律案的討論，通常是把行政院提出的版本，排在第一個案，而其它無論各黨團或個別立委的提案，都是依行政院版本的架構及條文次序，排列比對而協商討論。換言之，無論是條文內容或邏輯次序，都是行政院版占優勢。

國際間的談判，亦復如此，以二〇一七年四月中國國家主席習近平與美國總統川普預定的佛州度假莊園會面為例，據聯合報四月三日頭版報導，中國駐美大使崔天凱，即透過管道與川普女婿兼白宮高級顧問庫許納（Jared Kushner）幕後運籌帷幄，崔天凱甚至將川習會後的兩國聯合聲明草稿，先傳了一份給庫許納，這份預擬的版本，可想而知，當然是對自己有利的。

同理，租賃房屋的談判，房東拿出的租賃契約，當然是對房東有利的，一般房客常不會詳細閱讀契約，而以為是標準範本，房客常因此而吃虧，二〇一六年台北曾發生「惡房東」就是以自己版本的契約，騙倒房客，除非房客堅持以自己的版本為討論依據。所以在對方先提版本時，反制之道是自己也提自己的版本。有一些例外情形，例如辦理信用卡或手機，常常也要簽約，而多數人也不會去詳讀契約，卻不會因此發生問題，原因是這種「定型化契約」，是已由主管機關審閱的，不會對消費者不利。

再以二〇一五年兩岸的朱習會（國民黨主席朱立倫與中共總書記習近平）為例，中共方面在論壇開幕前，事先擬妥結論稿，但一看都是比較原則性，不夠具體，且偏向政治議題；於是在開幕式時，根本沒聽領導人致詞，而是埋頭另擬我方的看法，並提出具體經濟議題，後來經過拉鋸，總算達成共識。

實用工具

進退之間的讓步策略

談判的準備工作，當然是要知己知彼，首先是要確認我方利益及興趣所在，設定談判目標及優先順序，了解自己的底限及讓步方案。

讓步方案，最常見的就是「逐步退讓」，或稱「切臘腸式讓步」，談判桌上一次丟出一個方案，談不成，再丟第二案，這些讓步方案，當然在事前就應該沙盤推演並備妥，但是應該注意的是讓步幅度應該越來越小，表示已近底限，否則對方會誤以為還有讓步空間，繼續進逼。

其次，**就是「一次讓足」，建立起讓一步就不再讓的紀錄**，但是這種方式，必須是因這種談判風格廣為周知，否則對手一定會期待再讓步。

再者，還有一種方式就是「跳躍式讓步」，例如原先己方討論，預擬A、B、C、D、E等五案，若如第一種方式，應該依次提出；但跳躍式讓步，則次序上改為A、C、B，其目的是讓對手覺得接受第二案的C反而比較好，以通俗的話來說，就是「過了這個村，就沒那個店」，必須見好就收，以免越來越糟。通常非數字的議題，使用此種方法時，對手較難直接比較C、B兩案，就必須在C、B之間選擇一案。

但數字性的議題，就比較不容易用此法，例如房屋交易，賣方要價兩千萬，初讓為一千六百萬，很難立刻再提高為一千七百萬，買方會覺得賣方怎麼反覆無常；可是如果時間拉長或環境變更，例如房市熱絡，再度提價也不是不可能。

沉默也是一種談判策略

談判的時候，出價是一件不容易的事，開高價要有勇氣，有可能一下子就嚇跑了對手，但開低價，又怕吃了虧。當然最好是有所依據，所以蒐集資料就變得很重要，以理服人，才是上策。

在議價過程中，前述讓步策略可供參考。另外有一種開價與讓步的策略是沉默，這在政治談判中不適用，但在商業談判或個人議價時，有時會有出人意料的效果。因為沉默讓對方摸不著頭緒，陷入緊張不安、不確定的狀態，因而不自覺地提出較好的條件。在《哈佛這樣教談判力》一書就指出：「沉默往往形成一股僵持的氛圍，迫使對方以答覆或其它建議，設法打破僵局……有時最有效的談判，其實是靜默不語。」

決策拍板的老闆不要出面談判

如果有可能，談判時最好指定代表出面去談，而不要讓最終拍板定案的老闆出面，原因很簡單，就是預留了緩衝空間。如果在授權範圍內，談判代表可以逕行定案，但若超出授權或不確定，則可婉轉表示需回去請示。

就兩岸關係而言，我方於一九九一年初成立專責機關的陸委會，同時就成立官方授權的民間組織海基會，中國方面初期無意成立民間組織，認為要玩民間組織是台灣方面的事，於是形成我方民間對中國官方的談判。隨後，中方發覺民間組織很好用，於是跟隨海基會的步伐，成立海協會，展開民間對民間的談判。後來中國各政府機關紛紛成立名稱各異的民間單位，一方面是政治上的理由，不願官對官談判；另一方面也是談判上預留空間。

在商業談判上也常有類似情況，例如商業併購，雙邊的老闆只會表達意願，細節一定是幕僚團隊去談。偶爾也會發生老闆與談判代表溝通欠佳或認知不同，以致談判代表帶回來的結果又被老闆推翻，而回到原點，重新談判。

在商場上，買賣交易也常有老闆假裝店員，談到一個程度，他會說要回去請示老闆，其實他本身就是老闆，回去請示只是做個樣子而已。

談判不是都在談判桌上完成

個人談判常常不拘形式，但是團隊談判，則常是在談判桌上進行，談判桌通常是圓形或長方形。圓形的談判桌，談判氣氛較為緩和；長方形桌較為正式，雙方人馬各據一方，據理力爭，雖不到劍拔弩張的地步，但總是氣氛嚴肅，如果僵持不下，適度中斷休息是不錯的選擇，雙方可以冷靜下來，分別請示，或拉出場外，動之以情，有時甚至在洗手間達成共識。

談判桌上氣氛緊張，常常會陷入僵局。中外很多談判案例顯示，吃飯、喝酒是緩和緊張的手段，酒酣耳熱之際，敵對雙方容易打成一片，變為好友，所以「拼酒」是常見的談判招數。

談判有時需要較長的時間溝通、交換意見，然而現代人生活忙碌，如何抓住機會溝通就很重要。曾有一位重量級的外交人員說了一個故事，他要去找駐在國的國會議員談事，但議員在辦公室都很忙碌，分配到的時間只有短短的十五到三十分鐘，於是他想出一個辦法——約議員打高爾夫球，一場球打下來要四小時，就可以交換許多意見。而美國人通常又是美式足球、棒球、籃球等運動迷，於是這位外交官就改到議員辦公室談球賽，到高爾夫球場談公事。商場上，利用高爾夫球場交涉談判的例子也是所在多有。

另外，在一九九〇年代，台灣申請加入WTO時，由於我們特殊的國際環境地位，我方高官不易直接找到國際組織的對口層級直接溝通。在二〇一六年出版的《迢迢入關路──加入WTO祕辛》一書，即敘述了一段一九八九年十一月，經濟部部次長等高層官員與WTO前身GATT祕書長「空中密談」的經過：

當時得知祕書長鄧可將有公務由韓國首爾飛日本東京，我方陳履安部長、江丙坤次長等三人則分途由台灣及紐西蘭飛往首爾，再刻意與鄧可祕書長同機飛東京，尤其是江丙坤次長當時是前往紐西蘭參加PECC大會，於是四天內在台北─東京─紐西蘭─東京─首爾─東京之間長途跋涉，就為了與GATT高層官員同機一個半小時，說明我國入會之期望，並解釋入會動機純粹是經濟，因為台灣已經是世界經貿大國，確實有經貿實際需求。透過此次空中密談，完成雙方高層間的溝通任務，也可說是不在談判桌上完成談判任務的特例。

談判可以要求對手換人嗎？

談判有時陷入僵局，除了實質的談判內容外，也有可能是不喜歡對手的人格特質。

在某些商業談判中，談判背後的老闆，有時會碰面詢問談判進度，一方可能會透露對手或是人格特質不易相處、專業能力不足或一些其它原因；如果對方覺得有些道理而且很想完成這筆交易，他們很可能會換主談人，但這種情況，有時也可能產生反效果，反而認為原主談者能堅守立場，爭取公司權益。至於政治性議題，指名道姓批評，通常會產生反效果。

二〇一七年三月六日中國國台辦主任張志軍，在全國人大接受採訪時表示「台獨之路走到盡頭就是統一」，隔天陸委會主委在立法院答詢時指這種說法「非常不恰當」，並稱任何惡言相向，對兩岸關係沒有任何幫助，這樣的說明尚稱合理。

但隨後有人匿名以「決策高層」透過媒體指名道姓，重批張志軍，指出兩岸關係沒起色「是張志軍作梗」，把兩岸關係逆轉惡化責任全推給張志軍一人，甚至質疑張志軍錯誤解讀習近平的對台思想，想要切割張志軍與習近平。其實張志軍除了是國台辦主任，也是中共中央台辦主任，更是中共對台工作領導小組的成員，而習近平正是該小組的組長，張志軍的談話只是代表中共中央的政策路線及看法，絕非他的個人意見。而指名道姓地批評談判對手，可以說是犯了大忌。難怪中方立即由「涉台決策人士」反駁，這樣的指摘是輕佻挑釁，極不負責任，甚至指出這是「人身攻擊」。

這個事件，從談判角度來看，是匿名放話，本來談判是雙方面對面的過招，而放話則是雙方不見面的談判，不過匿名又人身攻擊，恐非恰當。

談判完畢不等於簽署協議

主談人應該養成筆記的習慣，表示注重對方的意見，尊重對方，也便於自己記憶。甚至談判過程中，可以提醒對方，這是你剛才講過的話。

事務人員應該做好會議紀錄，不要因為達成協議而鬆懈，在離開談判會場前，應再確認協議內容及文字，很多經驗顯示雙方對談判內容的理解不盡相同，因而紀錄也不相同，如果只是單純文字的差異，只需更正即可，否則，就要重啟談判。

通常協議文本要經雙方有權人員簽字，才生效力，跨國的國際協議，甚至還要經國內立法部門同意，除非正式簽署，否則都可能翻盤。所以談判完畢，還要追蹤進度，甚至透過各式溝通管道，促使雙方有權人員盡速核可。

致謝

衷心的感謝必然存在著深刻的道理。我們謹向這些師長、同學和好友們深致謝忱。感謝您們在本書醞釀、動腦和寫作過程中給我們的指導和協助。

兩岸企業家峰會蕭萬長理事長、三三會江丙坤理事長、傳統基金會黃石城董事長、遠景基金會陳唐山董事長、管理導師許士軍教授平常就給我們許多談判的指導。他們鼓勵我們把難得的經驗消化整理出書，給了我們勇氣和動力。

清華大學電機系教授徐爵民、中山大學物理系教授楊弘敦、南台科技大學校長戴謙、東華大學公行系主任高長，讓我們從他們在政務官的國際經驗中，增添了在談判應該納入的宏觀視野和實務見解。

專家是磨練出來的，許多大學的在職企業家和經理人替本書增加許多亮點。特別是在案例研討中，讓我們深刻享受教學相長的樂趣。謝謝台大、台科大、清大、交大、廈大、西南財大、師大、政大、東吳、輔仁和芬蘭阿爾托、南洋理工大學給了我們實踐的養分。

談判是科學也是藝術，所以格外需要跨學科和跨領導知識的投入。系統動力學學會理事長屠益民、人民大學法學教授史濟春、加州大學資管教授陳明德、中興大學管院院長王精文、台南大學經管教授辛玉蘭、師大人資教授施正屏、北商大法學教授李禮仲的畫龍點睛，開出了談判的新天地。

沒有慧眼，所有的理想都是虛幻，謝謝城邦媒體集團首席執行長何飛鵬、商周出版總編輯陳美靜的抉擇、編輯團隊黃鈺雯的編排和修正，封面設計黃聖文的創新設計，讓大家享受閱讀的樂趣，功不可沒。

參考書目

中文

1. 高孔廉，兩岸第一步，聯經，二〇一六。
2. 黃丙喜、馮志能、辜存柱、徐政雄，動態危機管理，商周出版，二〇一六。
3. 張國忠，商業談判：原理與實務，前程文化，一九九九。
4. 張志學、韓玉蘭，回報謹慎對談判過程和談判結果的影響，心理學報，二〇〇四。
5. 張康樂，做個真正的談判家，世茂出版社，一九八九。
6. 田村次朗、隅田浩司，哈佛．慶應最受歡迎的實用談判學，商周出版，二〇一六。
7. 羅伊．李維奇（Roy J. Lewicki），談判學（*Negotiation*），華泰，二〇一七。
8. 史都華．戴蒙（Stuart Diamond），華頓商學院最受歡迎的談判課（*Getting More: How to Negotiate to*

Achieve Your Goals in the Real World），先覺，二〇一一。
9. 理查．謝爾（G. Richard Shell），華頓商學院的高效談判學（*Bargaining for Advantage: Negotiation Strategies for Reasonable People*），經濟新潮社，二〇一二。
10. 蓋文．甘迺迪（Gavin Kennedy），學會談判，什麼都可以談，什麼都好商量（*Everything is Negotiable*），久石文化，二〇一三。
11. 馬梁，談判高手，天蠍座，二〇一三。
12. 江子珉，魔鬼賽局：讓自己贏！與魔鬼打交道時你必須了解的互動決策理論，代表作國際文化，二〇一四。
13. 麥克．惠勒（Michael Wheeler），交涉的藝術：哈佛商學院必修談判課（*The Art of Negotiation: How to Improvise Agreement in a Chaotic World*），天下，二〇一四。
14. 羅傑．費雪（Roger Fisher）、威廉．尤瑞（William Ury）、布魯斯．派頓（Bruce Patton），哈佛這樣教談判力（*Getting to Yes*），遠流，二〇一三。
15. 劉必榮，學會談判：從兩敗到雙贏的溝通模式，文經，二〇一六。
16. 龔寶善，現代倫理學，臺灣中華書局，一九九六。
17. 高杉尚孝，麥肯錫不外流的交涉技術，大是文化，二〇一六。
18. 喬治．羅斯（George H. Ross），向川普學談判（*Trump-Style Negotiation*），高寶，二〇一五。

英文

1. Adair W. L., Brett J. M. The negotiation dance: time, culture, and behavioral sequences in negotiation. *Organization Science*, 2005, 16(1)：33-51。
2. Allred, K. G., Mallozzi, J. S., Matsui, F., Raia, C. P. "The influence of anger and compassion on negotiation performance". *Organizational Behavior and Human Decision Processes*. 1997.
3. Adair W. L., Okumura T., Brett J M. Negotiation behavior when cultures collide: the United States and Japan. *Journal of Applied Psychology*, 2001.
4. Adair W. L. Integrative sequences and negotiation outcome in same-and mixed-culture negotiations. *The International Journal of Conflict Management*, 2003.
5. Andrea Schneider & Christopher Honeyman, eds., *The Negotiator's Fieldbook*, American Bar Association, 2006.
6. Adair W. L., Okumura T., Brett J. M. Culture and negotiation process. *The handbook of negotiation and culture*. Stanford.
7. Brett J. M. Culture and negotiation. *International Journal of Psychology*, 2000.
8. Brett J. M., Okumura T. Inter-and Intra-cultural negotiation: U.S. and Japanese negotiations. *Academy of Management Journal*, 1998.
9. Brett J. M., Shapiro D., Lytle A. Breaking the bonds of reciprocity in negotiations. *Academy of Management*

Journal, 1998.

10. Barry B., Oliver R. L. Affect in dyadic negotiation: a model and propositions. *Organizational Behavior and Human Decision Processes,* 1996.

11. Brett J. M. *Negotiating Globally: how to negotiate deals, resolve disputes, and make decisions across cultural boundaries.* 2005.

12. Carnevale P. J., Isen A. The influence of positive affect and visual access on the discovery of integrative solutions in bilateral negotiations. *Organizational Behavior and Human Decision Processes,* 1986.

13. Cox T. H., Lobel S. A., McLeod P. L. Effects of ethnic group cultural differences in cooperative and competitive behavior on a group task. *Academy of Management Journal,* 1991.

14. De Dreu C. K., Weingart W. R., Kwon S. Influence of social motives on integrative negotiations: a eta-analytic review and test of two theories. *Journal of Personality and Social Psychology*, 2000.

15. Drolet A. L., Morris M W. Rapport in conflict resolution: accounting for how face-to-face contact fosters mutual cooperation in mixed-motive conflicts. *Journal of Experimental Social Psychology*, 2000.

16. Forgas J. P. On feeling good and getting your way: mood effects on negotiator cognition and bargaining strategies. *Journal of Personality and Social Psychology,* 1998.

17. Fisher, Roger; Ury, William. Patton, Bruce, ed. *Getting to Yes: negotiating agreement without giving in* (Reprint ed.). New York: Penguin Books. 1984

18. Gregory Brazeal, “Against Gridlock: The Viability of Interest-Based Legislative Negotiation”, *Harvard Law & Policy Review* (Online), vol. 3, 2009.

19. Herminia Ibarra, Lyle Sussman, and Deborah M. Kolb, *Negotiation,* Harvard Business School, 2001

20. Joseph L. Badaraccco, and Mary C. Gentile, *Making Ethical Business Decision,* Harvard Business School, 1998.

21. Kopelman, S.; Rosette, A.; and Thompson, L “The three faces of eve: Strategic displays of positive neutral and negative emotions in negotiations”. *Organization Behavior and Human Decision Processes* (OBHDP), 99 (1), 81-101. .2006.

22. Kopelman, S. and Rosette, A. S.. “Cultural variation in response to strategic display of emotions in negotiations”. *Special Issue on Emotion and Negotiation in Group Decision and Negotiation* (GDN), 17 (1) 65-77. 2008.

23. Leigh L. Thompson, *The Mind and Heart of the Negotiator 3rd Ed.*, Prentice Hall 0ct.2005.

24. OLaRue T. Hosmer, *The Ethics of Management*, IRWIN, 1996.

25. Movius, H. and Susskind, L. E. (2009) *Built to Win: Creating a World Class Negotiating Organization.* Cambridge, MA: Harvard Business Press.

26. Olekalns M., Smith P. L. Testing the relationships among negotiators’ motivational orientations, strategy choices and outcomes. *Journal of Experimental Social Psychology*, 2003.

27. Olekalns M., Smith P. L. Social motives in negotiation: the relationships between dyad composition,

negotiation process and outcomes. *The International Journal of Conflict Management,* 2003.

28. Olekalns M., Smith P. L., Walsh T. The process of negotiating: strategies, timing and outcomes. *Organizational Behavior and Human Decision Processes,* 1996.

29. Weingart L. R., Olekalns M., Smith P. L. Quantitative Coding of Negotiation Behavior. *International Negotiation,* 2004.

30. Olekalns M. Negotiation as social interaction. *Australian Journal of Management*, 2002.

31. Olekalns M., Smith P. L. Metacognition in negotiation: the relationship between critical incidents, trust and negotiation outcomes. *Melbourne Business School Working Paper*, 2001.

32. Pillutla M. M., Murnighan J. K. Unfairness, anger, and spite: emotional rejections of ultimatum offers. *Organizational Behavior and Human Decision Processes,* 1996.

33. Roger Dawson, *Secrets of Power Negotiating - Inside Secrets from a Master Negotiator. Career Press,* 1999.

34. Ronald M. Shapiro and Mark A. Jankowski, *The Power of Nice: How to Negotiate So Everyone Wins - Especially You!* John Wiley & Sons, Inc., 1998,

35. Richard H. Solomon and Nigel Quinney. *American Negotiating Behavior: Wheeler-Dealers, Legal Eagles, Bullies, and Preachers.* United States Institute of Peace Press, 2010.

36. Saner, Raymond. *The Expert Negotiator.* The Netherlands: Kluwer Law International, 2000

37. Sorenson R., Morse E., Savage G. "The Test of the Motivations Underlying Choice of Conflict Strategies in the

Dual-Concern Model". *The International Journal of Conflict Management.* 1999.

38. Tinsley C. H., Pillutla M. M. Negotiating in the United States and Hong Kong. *Journal of International Business Studies,* 1998.

39. Thompson L. L. *The mind and heart of the negotiator.* 2005.

40. Morris M., Williams K., Leung K. Conflict management style: accounting for cross-national differences. *Journal of International Business Studies*, 1998.

41. Weingart L. R., Bennett R. J., Brett J. M. The impact of consideration of issues and motivational orientation on group negotiation process and outcome. *Journal of Applied Psychology*, 1993.

42. Hufmeier; Loschelder; Schwartz; Collwitzer. "Perspective taking as a means to overcome motivational barriers in negotiations: When putting oneself in the opponents shoes helps to walk towards agreements". *Journal of Personality and Social Psychology.* 101: 771–790. 2011.

43. Weingart L. R., Brett J. M., Olekalns M. Conflicting social motives in negotiating groups. *Carnegie Mellon University working paper,* 2005.

國家圖書館出版品預行編目資料

競合談判：從華航罷工到夏普併購,透析談判中必備的系統思考與動態決策 / 林享能等合著. -- 初版. -- 臺北市：商周出版：家庭傳媒城邦分公司發行，民106.07
面；　公分. --（新商業周刊叢書；BW0637）
ISBN　978-986-477-244-5（平裝）

1. 商業談判　2. 談判策略

490.17　　106007114

新商業周刊叢書　BW0637

競合談判

從華航罷工到夏普併購，透析談判中必備的系統思考與動態決策

作　　者／林享能、高孔廉、萬英豪、黃丙喜
企畫選書／陳美靜
責任編輯／黃鈺雯
版　　權／黃淑敏、翁靜如
行銷業務／周佑潔、石一志
校　　對／吳淑芳

總 編 輯／陳美靜
總 經 理／彭之琬
發 行 人／何飛鵬
法律顧問／台英國際商務法律事務所　羅明通律師
出　　版／商周出版
台北市中山區民生東路二段141號4樓
電話：(02) 2500-7008 傳真：(02) 2500-7759
E-mail：bwp.service@cite.com.tw
Blog：http://bwp25007008.pixnet.net/blog
發　　行／英屬蓋曼群島商家庭傳媒股份有限公司城邦分公司
台北市中山區民生東路二段141號2樓
書虫客服服務專線：(02)2500-7718・(02)2500-7719
24小時傳真服務：(02)2500-1990・(02)2500-1991
服務時間：週一至週五09:30-12:00・13:30-17:00
郵撥帳號：19863813　戶名：書虫股份有限公司
讀者服務信箱E-mail：service@readingclub.com.tw
歡迎光臨城邦讀書花園　網址：www.cite.com.tw
香港發行所／城邦（香港）出版集團有限公司
香港灣仔駱克道193號東超商業中心1樓
Email：hkcite@biznetvigator.com
電話：(852)2508-6231　傳真：(852)2578-9337
馬新發行所／城邦(馬新)出版集團　【Cite (M) Sdn. Bhd.】
41, Jalan Radin Anum, Bandar Baru Sri Petaling,
57000 Kuala Lumpur, Malaysia
電話：(603)90578822　傳真：(603)90576622
Email：cite@cite.com.my

封面設計／黃聖文　內文設計排版／唯翔工作室　印　刷／韋懋印刷實業有限公司
總 經 銷／聯合發行股份有限公司　電話：(02)2917-8022　傳真：(02)2911-0053
地址：新北市231新店區寶橋路235巷6弄6號2樓

■ 2017年(民106年)7月初版
ISBN　978-986-477-244-5
定價／460元
版權所有・翻印必究（Printed in Taiwan）
Printed in Taiwan
城邦讀書花園
www.cite.com.tw